AF372898

MÉMOIRES

DE

J.-B. BOUSSINGAULT

TOME QUATRIÈME

(1824-1830)

PARIS

TYPOGRAPHIE CHAMEROT ET RENOUARD

19, RUE DES SAINTS-PÈRES, 19

1903

MÉMOIRES

DE

J.-B. BOUSSINGAULT

———

TOME QUATRIÈME

1824-1830

J. B. BOUSSINGAULT

MÉMOIRES

DE

J.-B. BOUSSINGAULT

TOME QUATRIÈME

(1824-1830)

PARIS

TYPOGRAPHIE CHAMEROT ET RENOUARD

19, RUE DES SAINTS-PÈRES, 19

1903

MÉMOIRES

DE

J.-B. BOUSSINGAULT

VIII

Campagne de 1824 dans les *llanos* du Meta.

(*Suite*).

Le 27 janvier, j'avais disposé le télescope à miroir métallique, et réglé le chronomètre pour observer une immersion du premier satellite de Jupiter afin de fixer la longitude. Malheureusement, après un orage, vers 4 heures, le ciel resta couvert pendant la nuit.

Les flèches empoisonnées avec le curare sont très employées par les Indiens. Nous tuâmes un singe *arauate* (hurleur) avec une de ces flèches ; et l'on en mangea la chair rôtie, maigre, sèche et, à mon goût, peu savoureuse, et puis. l'animal ressemblait tellement à un enfant, qu'on éprouvait une vive répugnance.

De véritables forêts de palmiers (*palmichales*) se trouvent dans les environs de San Martin de los Llanos ; elles offrent de grandes ressources par les fruits comestibles qu'on en tire et aussi par les animaux qu'elles renferment.

Le *cularo*, un palmier fort commun, a la tige épineuse et les feuilles digitées ; on en fait des bâtons et des instruments de musique. Le *unama*, donne une sorte de noix renfermant une amande que l'on mange ; avec les fibres, les Indiens préparent des *birotas*, flèches légères, à la pointe enduite de curare qu'on lance avec la sarbacane pour tirer des oiseaux ; le *cumare*, le plus haut des palmiers ; on en retire des fibres pour avoir des hamacs. Le *pipiral* produit de gros fruits farineux. Le *chiquichiqui* fournit chaque année une espèce de chevelure avec laquelle on prépare des cordages d'une solidité et d'une élasticité remarquables.

Mais, parmi les plantes qui sont un sujet d'étonnement par l'importance et la généralité de leurs applications, il convient de placer en première ligne le palmier *moricho* (caucus mauritia), désigné par les missionnaires sous le nom expressif de *arbre de vie*. Les jeunes pousses sont alimentaires. Ses fruits, avant d'atteindre la maturité, présentent une nourriture amylacée ; quand ils sont mûrs, on en extrait de l'huile. On fait des toiles, des hamacs de la partie fibreuse de son écorce ; avec la jeune feuille, on tresse des chapeaux, des nattes, des voiles pour les embarcations ; l'enveloppe des fruits procure aux Indiens un vêtement qui n'exige aucune façon. La sève, riche en matière sucrée, donne, en fermentant, une liqueur enivrante ; le tronc, avant la fructification, contient une moelle dont on fait du pain ; quand cette moelle se putréfie, il y naît une multitude de gros vers blancs que les Caraïbes considèrent comme un mets délicieux ; enfin la tige du mauritia est un excellent bois de construction.

Les *palmichales*, dispersés dans les *llanos* comme des oasis, offrent naturellement un asile aux animaux et une alimentation assurée. Dans ces forêts, on rencontre des bandes de *pécaris*, cochons musqués, passant comme un torrent, renversant les obstacles ; malheur à celui que le hasard amènerait devant un troupeau lancé à grande vitesse ! il serait renversé, foulé. On attribue les courses effrénées de ces animaux à la poursuite des tigres : cela me paraît douteux. Un tigre, en un instant, égorgerait assez de cochons sauvages pour s'en repaître durant plusieurs jours. Quelle que soit, au reste, la cause du passage des pécaris, aussitôt que l'Indien en est informé, il s'établit à poste fixe sur un arbre au pied duquel le *torrent coulera*, armé d'une épée qu'il enfonce dans le dos des pécaris. Quand la bande a passé, il ramasse les morts et les emporte, s'il n'est pas éloigné de sa demeure ; où bien il reste là où il a chassé, jusqu'à ce qu'il ait mangé du cochon à satiété.

Un matin, près de San Martin, je rencontrai un *corijuales*, l'épieu à la main et chargé d'un pécari ; je le suivis dans sa case ou j'assistai au rôtissage de l'animal qu'on ne dépouilla pas. L'Indien ne faisait pas attention à moi ; j'étais l'homme invisible. Quand le rôti fut à point, j'en coupai un morceau ; c'est une viande extrèmement grasse, dont l'odeur me répugna singulièrement. Quand à l'indien et à sa femme, ils dévoraient la ration. Le pécari pesait au plus 12 à 15 kilogrammes.

Dans les *palmichales* il y a des tapirs (dantas), des gazelles et plusieurs espèces de tigres et de jaguars. Les fruits attirent aussi les singes, les oiseaux.

Je désirais beaucoup assister à une chasse avec les *birotas*, ces flèches déliées dont une extrémité est enduite de curare. Le bon curé me procura un indien, un *corijuales*, ayant une sarbacane de 1 mètre 1/2 de long; il portait en sautoir un carquois garni de flèches empoisonnées. Aussitôt, dans la forêt, nous avisâmes un oiseau de la grosseur d'une poule, une sorte de *paoji* perché sur une branche; nous pûmes l'approcher à une distance de 6 à 8 mètres: alors mon chasseur lança une flèche qui s'implanta dans la cuisse de l'animal. Ce ne fut que cinq minutes après avoir été blessé qu'il tomba mort. Alors l'Indien, en me regardant, tenant la sarbacane verticalement me fit comprendre par un geste impérieux, que je devais aller ramasser l'oiseau. Pendant un instant j'admirai la pose du corijuales, la beauté de ses formes, puis, réfléchissant qu'il me manquait de respect.

je lui appliquai sur les fesses une claque reten-
tissante. Il est aisé, du reste, de fouetter un
sans-culotte. Par un geste significatif, beaucoup
moins plastique que n'avait été le sien, je lui
enjoignis d'aller ramasser le gibier, ce qu'il fit,
en marchant lentement, avec grâce et dignité.

De retour à San Martin, le caporal Jacob prépara un très bon salmis avec le paoji.

Je faisais de temps en temps une excursion à
Iraca, à une lieue au N. de San Martin, près
de la rivière d'Ariare, appartenant déjà au bassin hydrographique de l'Amazone.

Iraca est une mission sans missionnaire.
L'église était vide ; les habitants sont des Corijuales ayant de petites cultures de maïs, des
chacras dans la forêt. Ils font un commerce assez
suivi avec les Indiens non réduits (*Indios bravos*)
de l'intérieur, apportant des hamacs, des flèches
et même des fers de lance en métal qu'ils se
procurent dans les missions du haut Orénoque.
Mais les objets d'échange les plus appréciés à
Iraca sont le curare, préparé dans le rio Negro
au-dessus des *randales* et la *chica*, piment rouge.

C'est un usage chez les races de l'Amérique
de se teindre la peau généralement en rouge et,

dans quelques cas, ils rompent l'uniformité de cette teinte par des dessins jaunes, bleus ou noirs. Les Indiens de l'Orénoque et de ses affluents emploient deux matières colorantes: l'*onoto*, c'est le rocou, qu'on extrait de la superficie des graines du *bixa orellana*, arbre fort commun des colonies, et la *chica*, fécule qu'on retire des feuilles d'une plante grimpante des climats chauds, la *bignonia chica*, que j'ai vu dans le jardin du curé de San Martin. Quand on mâche des feuilles de bignonia, la salive acquiert une couleur rouge. Pour en extraire la *chica*, on les fait bouillir dans l'eau: on passe, à travers un linge, le liquide tenant en suspension la fécule rouge; pour en hâter la précipitation, on ajoute quelques morceaux de l'écorce d'un arbrisseau nommé *arayumo*; la fécule est lavée, montée en gâteaux ronds de 5 à 6 pouces de diamètre sur 3 pouces de hauteur: puis mise à sécher.

Il se fait de ce pigment une grande consommation. On m'a assuré que les Indiens, pour appliquer la *chica* sur la peau, la broyaient avec de l'huile d'œufs de tortue.

L'avantage que présenta la *chica* sur le rocou,

dans la peinture appliquée sur le corps, c'est qu'elle résiste à l'action de la lumière, tandis que le rouge de rocou disparaît promptement au soleil.

Cette tendance à se peindre me procura un divertissement à Iraca. Il n'y avait pas deux heures que j'étais arrivé, quand plusieurs indiens nus vinrent me faire visite, avec leur corps teint de façon à imiter mon costume, habit-veste bleu, collet rouge, parements rouges, revers noirs, boutons d'argent, pantalon rouge, bottes, le tout peint sur chair ; le pantalon nécessairement très collant.

Nous eûmes, à San Martin, l'occasion d'observer un fourmilier (tamanoir). C'est un animal curieux ; avec sa langue, sa très longue langue, qu'il fait descendre dans la fourmilière ; aussitôt qu'elle est couverte de fourmis, il la rentre et mange les insectes. On comprend que, par les services qu'il rend en détruisant les fourmis, cet animal soit bien apprécié. Le Dr Roulin voulut absolument avoir l'animal pour en faire l'anatomie ; la chasse commença et fut terrible ; le fourmilier a des pattes munies d'ongles formidables ; on dit qu'une fois couché sur le dos, il peut saisir et déchirer un jaguar ; j'en doute, vu que sa mâchoire est nulle. Toutefois, il déchirerait certainement un homme et le docteur voulant le saisir, échappa à un danger imminent, grâce à un habitant de San Martin, qui tua le tamanoir d'un coup de lance.

Accompagné du commandant de milice, je visitai le pays compris entre San Martin et Iraca ; on y voit des cultures peu importantes et passablement de bétail. Dans une *hacienda*, nous fûmes reçus par le propriétaire, un métis presque blanc. Le commandant ne voulut rien accepter de ce qu'on nous offrit ; et je remarquai qu'il s'arrangea de manière à éviter de serrer la main à l'*hacendado*.

J'eus l'explication de cette réserve quand nous fûmes hors de cette propriété. L'homme que nous quittions était désigné dans le pays comme ayant tué sa femme et donné son cadavre en pâture aux *gallinazos* (vultur).

Dans ces résidences isolées, les crimes restent impunis. « Concevez-vous, me disait le commandant, faire dévorer 3 femmes par des oiseaux de proie ! » C'était évidemment la circonstance aggravante du crime.

Cela me rappela cette histoire dans une mission voisine de Cassiquiare.

Un indien Saliva est convaincu que sa femme l'a trompé ; il l'établit confortablement dans l'intérieur de la forêt, la nourrit bien, l'engraissa et, quand elle fut *à point*, il la tua et la mangea en plusieurs repas. En un mot, il agit contre l'infidèle comme, en sa qualité d'anthropophage, il eût fait pour un ennemi.

Durant cette excursion, j'eus l'occasion de constater l'abondance extrême de la rosée dans les steppes, lorsque les conditions météorologiques sont favorables à son apparition.

Nous couchâmes plusieurs fois en plein air sur l'herbe, je m'emmaillotais dans ma couverture pour me mettre le plus possible à l'abri des piqûres des *zancudos*. Le ciel était clair pendant la nuit ; l'atmosphère absolument calme. Au lever du soleil, ma couverture était tellement mouillée qu'en la tordant, l'eau en ruisselait ; au reste, on sait que la laine est un des corps dont le température s'abaisse le plus pendant le rayonnement nocturne; l'herbe de la steppe était d'ailleurs couverte d'une forte rosée.

Dans les *llanos* de San Juan, les bouquets de palmiers sont assez fréquents. Ils renferment beaucoup de gibier. Cela est incontestable. Les daims y sont fort communs, et c'était un spectacle intéressant de voir ces animaux se montrer dans les éclaircies, regarder dans toutes les directions, et prendre ensuite leur course pour gagner un autre *palmichal*. Rien de plus gracieux que leur passage, la vivacité et l'élégance de leurs mouvements. Je m'arrêtai, immobile, pour admirer ces charmants quadrupèdes. J'en ai vu rarement plus de deux réunis. Dans les *llanos* où viennent s'éteindre les pentes de la Cordillère, on n'a pas à craindre les inondations et c'est probablement à cause de cette sécurité que ces forêts de palmiers deviennent un lieu de refuge à ces animaux.

San Martin est à 432 mètres au-dessus de l'Océan; par conséquent à plus de 200 mètres au-dessus du Meta, dans une des parties les plus élevées de son cours.

Les ordres ayant été transmis au gouverneur de la province pour qu'on eût à nous procurer des embarcations, nous nous disposâmes à partir.

J'avais été assez heureux pour observer le premier satellite de Jupiter et son immersion, ainsi qu'une bonne hauteur méridienne de la Chèvre : la position géographique de la ville était donc convenablement fixée.

Pendant l'observation méridienne de l'étoile, il m'arriva un événement assez fâcheux : rien ne surprenait plus les indiens que de me voir fixer un astre avec la lunette. J'étais entouré de plusieurs *corijuales*, silencieux, comme toujours, immobiles, dissimulant leur étonnement. Ma hauteur double était prise heureusement ; car, quand je rentrai dans mon logement pour serrer mon sextant, les Indiens commençaient à se mirer dans le mercure de l'horizon artificiel et faisaient de grands efforts pour prendre du métal. Il y eut comme une dispute, puis lorsque je sortis pour enlever l'horizon, je le trouvai renversé, le mercure perdu et les Indiens en fuite. Fort heureusement j'avais du mercure en réserve; mais rien n'est aussi attristant que de perdre un objet utile, quand on est dans l'impossibilité de le remplacer facilement.

J'avais fait quelques observations sur les variations diurnes barométriques, sur la température et sur l'état hygrométrique de l'air. L'hygromètre de Saussure s'était maintenu entre 72° et 84°; le thermomètre, entre 20°,4 et 31°. Cette température relativement faible, on doit l'attribuer au vent qui régnait constamment pendant la journée.

Avant de quitter San Martin, je visitai encore dans les environs les cases de plusieurs familles : on avait fait une pêche miraculeuse, de sorte que je trouvai les Indiens étendus nonchalamment dans leurs hamacs, mangeant du poisson cuit à l'eau, sans aucun assaisonnement, tandis que les femmes entretenaient le foyer.

J'eus l'occasion de voir préparer le pain, ou plutôt la galette de cassave, le manioc. La racine de manioc qu'on emploie est très vénéneuse, quand elle est crue; cuite dans l'eau ou grillée, elle ne renferme plus de poison ; on assure que le toxique est de l'acide prussique que la chaleur expulse, à cause de sa grande volatilité.

Pour obtenir la galette de cassave, on prend la racine crue, on la divise à l'aide d'une râpe assez singulière : un morceau de tronc de palmier à la surface duquel sont implantés des fragments de quartz. La pulpe est mise dans un très long boyau fait en feuilles tressées de palmier. Le suc s'égoutte ; comme il est légèrement sucré, il attire les mouches qui meurent aussitôt qu'elles l'ont goûté.

C'est la pulpe égouttée que l'on cuit sur un plat de terre chauffé fortement. Ces galettes avaient, quand elles étaient cuites, un diamètre de 33 centimètres sur une épaisseur de 3 à 5 millimètres ; elles étaient légèrement torréfiées à la surface. Nous en fîmes une bonne provision ; elles se conservent bien dans les climats humides, et elles suppléent parfaitement au pain et au biscuit de maïs, dont les Indiens font peu usage, préférant, dans leurs pérégrinations, emporter du maïs torréfié.

Le 4 février, après être restés onze jours à San Martin, nous prîmes congé du curé Joachim

Guazi et, accompagnés du commandant Castro,
nous partîmes pour le rio Meta.

Il était près de 9 heures quand nous montâmes
à cheval; avant d'arriver au rio Umadea, nous
avions passé la Quebrada Rubiana. Au delà de
l'Umadea, nous rencontrâmes un de ses affluents,
le rio Guano. Il était 5 heures quand nous
fîmes halte à Machica, maison isolée, où nous
devions passer la nuit.

Dans une petite forêt, à peu de distance de
l'Umadea, on nous fit remarquer une magnifique
orchidée, dont la fleur ressemble à une montre.

A Machica, grâce au commandant, nous fîmes
un excellent souper; mais, la nuit, les *zancudos* nous privèrent de sommeil; tous, nous
avions supporté, dans la journée, une pénible
insolation.

Le soir, je pus avoir la latitude de Machica
par une hauteur de la Chèvre. J'avais la spécia-
lité des observations d'étoiles, de même que Rivero s'était réservé celle de la préparation du
café, en employant comme filtre une de mes
chaussettes qu'il négligeait parfois de laver,
bien que je l'eusse portée pendant plusieurs
jours.

Après une nuit sans sommeil et une tasse de café au lait, nous étions à cheval de grand matin.

La journée était splendide ; nous avions enfin en vue ces *llanos*, rappelant l'Océan par leur immense étendue.

Nous rencontrâmes plusieurs bandes de chevaux devenus sauvages, fuyant à notre approche. Quand on n'a pas vu le cheval libre dans la steppe on ne peut se faire une idée complète de la beauté, de la grâce des mouvements de ce noble animal. Les troupes, prenant le galop, disparurent en un clin d'œil. Quelle différence avec le bétail, couché nonchalamment au soleil, ne s'effrayant de rien ; ruminant à l'air et admettant avec satisfaction les *garapateros* (crotophaga major) qui, pour se nourrir, les débarrassent des tiques et autres vermines s'attachant à leur peau ou cachées dans leur poil.

Vers midi, l'insolation devint insupportable ; malgré une brise nord-est, malgré nos coiffures (*djipijapa*), nous souffrions tous et aspirions à un abri.

Dans le lointain, quelque chose de mobile se projeta sur l'horizon ; bientôt nous crûmes distinguer des enfants ; c'étaient trois hommes armés de flèches, allant en chasse.

A 5 heures, nous entrions à Giramena, où nous fûmes aussitôt entourés d'Indiens apportant des bananes, de la cassave, de la canne à sucre et une quantité d'œufs de tortue séchés, dont la coque ridée a l'apparence d'une vessie. J'en mangeai avec excès, tant je les trouvai de mon goût.

La fille de l'alcade avait le bas des jambes ponctué avec de la *chica*. Le dessin figurait assez bien un brodequin. Les épaules étaient bleues.

J'eus alors le secret de cette teinture. On la développe avec le fruit d'un arbre nommé *yagua*, une sorte de pomme, ayant la pulpe blanche, avec laquelle on se frotte le corps ; peu à peu la couleur bleu indigo apparaît. Sur un papier, sur un morceau de drap, la coloration ne se manifeste pas ; il faut de la peau, et, probablement aussi, de la sueur. C'est à l'aide de la *yagua* qu'à Iraca on avait si bien imité mon uniforme. Je me suis teint un bras, en le frottant avec de la *yagua* : la coloration bleue est apparue en moins de deux heures et a persisté pendant quelques jours. Cette teinte ne disparaît pas au soleil ;

elle s'en va par le renouvellement de l'épiderme.

L'église de Giramena nous parut bizarre : quelques morceaux de cadres, de lambris en bois doré, habillés avec des peaux d'animaux, étaient les seuls objets de vénération. Pas de crucifix, pas de confessionnal, pas de curé, les Indiens refusant absolument de se confesser. Ce sont de mauvais chrétiens, n'admettant pas le sacrement du mariage ; mais ils sont fort industrieux et fabriquent des chapeaux fort estimés en fibres de palmier.

Le soir, bien que je fusse indisposé, je pris néanmoins une hauteur méridienne de Canopus. Dans la journée, à 2 heures, le thermomètre marquait 34°, 5.

Les Indiens sont un mélange d'Achaguas et d'Amarizanos ; de même qu'entre Iraca et San Martin on connaît les peuplades de Tamas, d'Omoas, de Pamiguas, des familles, des clans insignifiants et que je n'aurais pas mentionnés, s'ils ne présentaient cette particularité que, bien que très voisins, de même race, ils ne parlent pas le même idiome. Il en est ainsi dans le haut Orénoque.

Quant à la physionomie, c'est bien de la race cuivrée, et si, dans les missions, on rencontre des nez européens, je les attribue à l'influence des curés, tous de race blanche ou métis.

A ceux qui doutent de l'influence du moine sur le facies de la communauté, je dirai que mon ami Gutieres, curé de Guadas, depuis chanoine de Bogota, réunissait à sa table vingt enfants qu'il avait eus de femmes blanches, indiennes, nègres, métis, zambas, mulàtres. C'était un bon père de famille.

Des informations prises auprès du commandant, j'ai relevé, de San Martin :

Giramena. .	12 lieues castillanes de 3 milles à l'E.		
Iraca. . . .	5	—	—	S.-S. E.
Saint Juan.	10	—	—	»
La Conçep-			
cion. . .	30	—	—	S.

Je trouvai, pour l'altitude de Giramena, 216 mètres. C'est juste celle du rio Umadea, au point de sa jonction avec le rio Nare, où l'on devait s'embarquer. En réalité, Giramena est l'embarcadère du haut Meta, bien que la navigation ne soit praticable pour les grands canots, pour les pirogues à voiles, qu'à partir de Marayac. Ici le Meta est déjà une grande rivière, plus large que la Seine au-dessous de Paris : le courant était rapide, quoique luttant contre un fort vent d'est.

Souvent j'allais, le matin, m'étendre sur la plage de la rivière pour fumer un cigare, en prenant le frais ; je remarquai des allées et venues de gens, que je ne m'expliquais pas d'abord : un Indien, une Indienne passait gravement devant moi, entrait dans l'eau jusqu'à la ceinture, regardait à l'ouest, c'est-à-dire en amont, restait immobile durant quelques minutes, puis sortait de la rivière et retournait au village. Je découvris enfin que ces Indiens entraient dans le Meta pour satisfaire un besoin, pour éprouver, selon l'expression du Dr Alambest, « le seul plaisir qui ne laisse pas de regret ». On conviendra que tout le monde n'a pas un water-closet aussi grandiose. Au reste, c'est un instinct particulier aux races nomades de dissimuler leurs excréments, afin de dépister l'ennemi.

Ces Indiens étaient des Amarizanos et des Achaguas, d'un caractère très doux, comme ceux d'Iraca. Pendant que j'en mesurais quelques-uns, auxquels je trouvais une hauteur de 1^m,50 à 1^m,60, je ressentis une vive douleur dans tous mes membres, qui m'obligea à me jeter dans mon hamac, où je fus saisi d'un terrible accès de fièvre. Les Indiens firent toute la nuit du feu dans la case que j'habitais; c'était fort incommode. J'ai toujours vu que l'homme *nu* aime à se chauffer durant la nuit, même dans les climats les plus chauds.

De mon hamac, je voyais les figures de trois ou quatre Indiennes assises sur un banc que mes gémissements faisaient rire à gorge déployée: je dis alors au caporal Jacob d'abaisser mon hamac, de manière à ce que je n'aperçusse plus les visages de ces femmes: mais alors, ce fut bien pis, c'étaient les ventres que je voyais rire. C'est affreux, un ventre hilarant, en faisant contracter au nombril les mouvements les plus bizarres, les plus désordonnés. Le caporal Jacob me débarrassa de la présence de ces Indiennes importunes en leur appliquant quelques coups de cravache.

Ma fièvre ne cessait pas; une espèce de sacristain me donna une médaille à l'effigie de Nuestra Señora del Carmen que préparent et vendent les capucins d'une mission de l'Orénoque comme un remède miraculeux contre les fièvres : on broie la médaille, on la délaie dans l'eau que l'on boit. Le fait est que je ressentis une amélioration momentanée. Malins capucins, leur médaille bénite est un mélange d'argile plastique onctueuse et de quinquina.

Le jour suivant, bien que j'eusse avalé une bonne vierge tout entière, la fièvre augmenta. C'est que, lorsqu'on vit dans une atmosphère où les causes, quelles qu'elles soient, qui donnent la fièvre sont permanentes, le quinquina produit peu ou presque pas d'effet; c'est ce que savent, par une cruelle expérience, les pauvres religieux des missions. *Tengo veinte años de calenturas!* disait à Humboldt, en grelottant, un missionnaire du rio Negro. On souffre alors sans prendre de remèdes; on ne recouvre la santé qu'en fuyant le foyer d'infection; encore la guérison en est-elle lente; les accès deviennent périodiques, et ne disparaissent quelquefois qu'après plusieurs mois de séjour dans un climat salubre.

Les canots étant arrivés, on procéda à l'embarquement. Rien de plus plaisant que notre déménagement. Pour l'opérer, on avait mis à notre disposition une cinquantaine d'Indiens peints en rouge avec de la *chica* ; chacun portait un seul objet, pour minime qu'il fût ; on était chargé d'une plume métallique : il en fallait deux pour transporter une paire de bottes ; six volumes exigeaient six individus. La procession marchait gravement sous l'inspection d'un *re-gidor* coloré en rouge comme les administrés ; mais ne portant rien autre chose que son bâton (*la vara*) de commandant. Les femmes formaient une haie du village à la rivière ; je fermais le cortège, pouvant à peine me soutenir. On me coucha dans un canot ; tous, nous grelottions. Chez moi, l'accès fut si fort que j'eus le délire. Mes compagnons étaient fort inquiets : ils avaient de tristes pressentiments.

Les rivières, de même que les forêts chaudes et humides des régions équatoriales, sont funestes à la santé ; Lœfling, l'élève de Linné, mourut sur les rives du Carossi, Humboldt et Bon-plands faillirent succomber à Angostura sur l'Orénoque. Je me rappelai qu'un jeune natu-raliste suédois fut emporté en quelques heures

par un accès en débarquant à Honda sur le rio
Magdalena.

Dans le mince bagage de cette victime de la
science, il y avait des plantes desséchées et la
miniature d'une délicieuse jeune fille, sa sœur
ou sa fiancée, puis — que je ne l'oublie pas —
un petit chien que l'on eut bien de la peine à
éloigner du cadavre de son maître et dont les
hurlements provoquaient des larmes.

Nos rameurs indiens n'échappèrent pas à la
maladie. Dans le plus chaud de l'accès, par conséquent avant la transpiration abondante qui
suit cette période, ils se jetaient à l'eau et en ressentaient un soulagement.

A Marayac, on fut transbordé dans de grands
canots ; la descente de la rivière était retardée
par le vent d'est, assez violent pour soulever les
flots. Sur le soir, on abordait, on allumait le feu sur
la plage, on faisait la cuisine. Rivero, tremblant
de la fièvre, préparait toujours le café. Je ne
prenais plus de hauteur méridienne d'étoiles.
J'étais dans un état complet d'anéantissement ;
je n'avais plus la conscience de ce qui se passait autour de moi. Depuis Giramena, je ne

tenais plus le journal. Ce que je vais dire m'a
été raconté par mes compagnons; car, alors
même que j'assistais à un incident, je ne m'en
rendais pas compte. Au reste, rien de monotone
comme une navigation entre deux plages arides.

Dans un bivouac, nous nous trouvâmes, à
notre réveil, entourés d'un très grand nombre
d'Indiens armés. Ils attendaient le réveil. Notre
factionnaire ronflait près de son fils couché sur
le sable. Nous fûmes rassurés par l'apparition
d'un moine de l'ordre de San Francisco, un
long, sec, portant un chapeau monstre. Il nous
raconta qu'il allait, avec ses néophytes, à la ré-
colte des œufs de tortue. Roulin, ayant eu la
politesse de lui présenter un flacon à moitié
plein de rhum, il le bénit avec beaucoup de
componction, puis avala ce qu'il contenait jusqu'à la dernière goutte, à notre grand regret :
c'était la fin de la provision.

A certaines époques de l'année, les plages du
fleuve présentent des gisements d'œufs de tortue
recouverts de sable. C'est en sondant le terrain
avec une perche que l'on détermine l'étendue
du dépôt. Les points principaux où se réunissent

chaque année les animaux pour pondre sont situés au confluent de l'Orénoque et de l'Apure et des cataractes que ne franchit pas la plus grande espèce, l'arrau, la *tortuga* des Espagnols. C'est là que se rendaient les Indiens.

Une arrau pèse 20 à 25 kilogrammes ; les œufs sont plus grands que les œufs de pigeons, approchant davantage de la forme sphérique. Ce sont de ces œufs de *tortuga* desséchés que j'avais mangés avec excès à Giramena.

La tortue Tseckay est beaucoup plus petite que l'arrau ; la chair en est plus délicate.

Les grandes pontes ont lieu lors des plus basses eaux : c'est l'époque où nous nous trouvions sur le Meta. Lorsqu'un campement indien est établi, l'exploitation commence, sous la direction d'un missionnaire. Les œufs, sortis du sable, sont brisés et remués à la pelle dans des auges pleines d'eau et exposées au soleil jusqu'à ce qu'une huile jaune monte à la surface. On la recueille pour la faire bouillir. Cette huile est limpide, sans odeur, à peine colorée : c'est la graisse de la tortue ; elle est employée à l'éclairage et pour la cuisine.

Voici quelques renseignements recueillis par

Humboldt sur l'industrie de l'huile de tortue. La jarre, d'une capacité de 25 bouteilles, se vend 2 piastres (10 francs). Pour retirer 5000 jarres d'huile, il faut 330 000 arraus, pesant 165 000 quintaux (de 4 arrobes) et pondant 33 000 000 d'œufs.

Le commerce de l'huile de tortue dure trois semaines. Pendant ce temps, les missions sont en relation avec la côte. Les marchands réalisent de grands bénéfices, parce que les Indiens leur vendent la jarre d'huile au prix d'une piastre.

Chaque soir, durant la navigation sur le Meta, vers 5 heures, on débarquait pour souper; puis, quand la nuit était venue, on se rembarquait et descendait la rivière en silence pour dormir, sans allumer un feu, sur une plage, à quelques kilomètres plus bas que le point où l'on avait fait la cuisine. On agissait ainsi pour dissimuler le gîte aux *guahiros*, nation fort agressive, rôdant souvent dans le pays.

Une fois, en plein jour, on avisa un campement d'Indiens; on débarqua, pour l'observer de près; les Indiens faisaient cuire leur *picho* dans une marmite en terre. Roulin allait prendre un tison au foyer pour allumer un cigare, quand

un Peau-Rouge, le prévenant, lui dit, en français :
« Monsieur, voici du feu ! »

Ce singulier personnage, de petite stature, peint à la chien, était né dans les Antilles. C'était un matelot vivant depuis des années avec une famille indienne, parce qu'il préférait la société du sauvage à celle de l'homme civilisé. Ces cas sont assez fréquents. Du reste, on ne put tirer aucun renseignement utile de cet individu.

On mesurait une base sur la plage, pour prendre la largeur du Meta, quand tout à coup, sur la rive opposée, on vit apparaître des *guahiros* qui nous lancèrent des flèches empoisonnées.

Ainsi que je l'ai plusieurs fois remarqué, rien n'agit autant sur le moral du soldat que le risque d'être atteint par une flèche portant du poison ; nous envoyâmes quelques balles aux agresseurs pour rassurer nos hommes, en leur démontrant que le fusil a infiniment plus de portée que l'arc. Quelques Indiens durent être gravement atteints, à en juger par l'empressement qu'ils mirent à s'éloigner en emportant plusieurs blessés, et peut-être des morts. On put ensuite mesurer tranquillement la largeur de la rivière.

Mon état s'aggravant, le Dr Roulin pensa que je devais gagner au plus tôt un climat tempéré. On me coucha dans un canot, qui me fit l'effet d'un cercueil, et, accompagné du caporal Jacob, ayant quatre rameurs sous ses ordres, je remontai la rivière. Roulin me recommanda expressément de ne prendre aucune nourriture et de faire une diète absolue.

Les idées de Broussais, de traiter toutes les maladies par la faim, étaient alors adoptées par les jeunes médecins.

Combien de jours suis-je resté embarqué? je n'en sais rien. Quand je revins à moi, je me trouvai dans un hamac, chez le curé de Giramena; je passai deux jours chez l'excellent franciscain, à boire de la limonade. M'étant procuré des chevaux, je me mis en route dans la direction de la *Tierra fria;* c'est-à-dire que, pour sortir de la plaine, je pris le chemin que nous avions suivi pour y entrer.

Je me dirigeai vers Apiaï, allant au pas, par un soleil ardent. L'accès de fièvre devint si fort que je fus obligé de m'arrêter dans une misérable cabane, où je passai la nuit. Il y avait là un homme terriblement blessé à la jambe d'un coup de *macheta* (sabre). Quels gémissements poussait le malheureux! Quelle infection produisait la suppuration!

Le jour suivant, de grand matin, on me hissa sur mon cheval; le caporal eut la précaution de m'attacher à la selle. La steppe était brûlante et j'eus bientôt vidé ma provision d'eau. L'après-midi, j'étais à Apiaï, installé dans la case en *guaduzas :* toute la famille que nous y avions vue était morte. Je me traînai au presbytère. Comme je l'ai dit, mon jeune moine y était enterré; je plantai une petite croix sur sa tombe.

D'Apiaï, j'allai au bivouac de Gramalata. L'abri se trouvait dans l'état où nous l'avions laissé. Cette station me sembla plus fraîche; mais toute la nuit le caporal eut à jeter des pierres aux jaguars attirés par nos montures.

De Gramalata. on commence à s'élever insensiblement; on marcha à l'ombre des palmiers. Ce fut un grand soulagement d'échapper à l'insolation, mais la fièvre persista et, à chaque pas du cheval, j'éprouvais de fortes douleurs dans les membres.

En arrivant au Sitio de Servito, comme j'essayais de descendre de cheval, j'eus un éblouissement, suivi d'un évanouissement. Le sentiment que j'éprouvai n'eut rien de pénible. Ma vue s'obscurcit subitement. Quand je revins à moi, j'étais étendu sur l'herbe, ma tête appuyée sur le sein d'une jeune fille agenouillée, qui me faisait avaler un œuf à la coque. Quant au caporal, il jurait en allemand, en espagnol, attribuant mon extrême faiblesse à la diète, et ajoutant que, dorénavant, ce ne serait plus comme cela ; car, si je m'obstinais à ne rien manger, je n'arriverais jamais à Bogota.

De Servito, où je couchai, bien soigné par la jeune métisse, qui me fit prendre je ne sais quelle infusion, j'espérais arriver à l'hacienda de la Cabulla ; il n'en fut pas ainsi. La fièvre devint si intense qu'il fallut passer la nuit dans la forêt, si fourrée en cet endroit qu'il fut impossible de faire du feu pour éloigner les tigres. Mon hamac fut suspendu entre deux arbres ; le caporal renouvela l'amorce de sa carabine, alluma sa pipe et s'assit sur une pierre. La lumière de la lune pénétrait à travers le feuillage. Cette scène nocturne devait avoir quelque chose de navrant :

un jeune officier moribond, veillé par un vétéran des guerres de l'Indépendance avec une
sollicitude touchante. Fréquemment je demandais à boire : le caporal me donnait quelques
gouttes d'eau, puis je sentais qu'il me mettait
dans la bouche un très petit morceau, assez
résistant, que j'avalais avec satisfaction. J'y prenais goût ; le caporal continuait à me donner la
becquée ; je m'endormis. A mon réveil, je demandai à boire, pour avoir en même temps ce
que je croyais être une pilule.

— Jacob, lui dis-je, c'est singulier comme ce
que tu me donnes sent le rhum !

— Ce n'est pas étonnant, puisque je mâche
la viande et que je bois un peu d'eau-de-vie.

Ce brave soldat passa toute la nuit à me faire
avaler de la viande mâchée, et je m'en trouvai si
bien que, lorsque le jour parut, je pus monter
à cheval sans être aidé. Le caporal était fier
de sa cure. J'avais un peu de fièvre et la fraîcheur du matin me procura une sensation
agréable.

Nous étions de bonne heure à Cabullara où je
me couchai sur un cuir de bœuf. J'étais très souffrant ; la route m'avait fatigué ; aussi je fus en-

touré des femmes de l'hacienda. Les femmes apparaissent toujours là où il y a une douleur !

La vieille maman eut peine à me reconnaître : « Voyez comme il est changé ! disait-elle, ils sont tous comme ça quand ils reviennent des *llanos !* »

Elle s'éloigna en criant : « Vite, qu'on lui donne à manger, sinon, il mourra ! »

Bientôt elle m'apporta un bol de soupe au riz que je pris en présence du caporal, puis il accrocha près de mon lit, ou plutôt de mon cuir de bœuf, une calebasse remplie d'eau.

La nuit vint, avec elle une fièvre terrible. Je bus avec avidité l'eau du caporal : c'était du *guarapo,* boisson alcoolique, jus de canne fermenté. J'en pris au moins trois litres. Je m'endormis dans un état voisin de l'ivresse. A mon réveil, je me trouvai mieux, mais avec une grande faiblesse. J'atteignis Caquesa, où une bonne femme m'offrit l'hospitalité.

« Entrez chez moi, me dit-elle, je vous soignerai, car je vois que vous êtes bien malade. »

Aussitôt elle me prépara un excellent bouillon, bien que je l'eusse prévenue que je n'avais pas un *cuartillo* vaillant.

Décidément, la fièvre m'avait quitté et je me sentais un peu plus fort. Était-ce l'effet d'un climat tempéré, ou parce que, grâce au caporal, j'avais contrevenu aux recommandations de Roulin, en rompant la diète? Je ne sais. Toujours est-il que je me tenais à cheval et que j'allai d'une traite de Caquesa à Chipagué. J'étais alors sur le plateau; je m'arrêtai dans une cabane d'Indiens où je passai la nuit dans mon hamac, quoiqu'il fît assez froid (12°), et bien m'en prit.

En effet, le matin, en me levant, je vis le caporal couché sur une natte et dormant profondément. M'étant approché pour le réveiller, je remarquai que son uniforme en drap bleu était tout blanc, couvert de gros poux; il y en avait une prodigieuse quantité. Lorsque le brave homme se leva, il y eut une pluie de vermine. Sa consolation fut de houspiller le maître de la maison. Dans les régions froides, sous le régime des Incas, des Zaques, des Muyscas, l'Indien vivait avec les poux. Il en est encore ainsi aujourd'hui. Après tout, le pou est bien moins incommode que la puce.

Monté sur un de ces petits chevaux (*macho*)

de la Cordillère, n'ayant d'autre allure que le galop, je fis mon entrée à Bogota. Une fois installé
dans mon logement, la casa de Mutis, je fis une
toilette bien nécessaire pour me débarrasser de
la vermine que j'avais rapportée de Chipagué ;
j'allai ensuite faire une visite à Mme R... Qu'elle
était jolie ! Quelle joie de nous revoir ! Un dîner
fin, un dessert délicieux. C'était trop pour un
convalescent : car je me croyais convalescent.
Le lendemain, après avoir pris mon café, je fus
saisi d'un terrible accès de fièvre, d'un frisson
effrayant. Mes dents claquaient ; je n'avais pas
eu d'accès de froid aussi prononcé dans les
llanos ; puis vint la transpiration et l'accès de
chaleur.

J'eus, au moment où la fièvre s'apaisait, une
singulière visite.

La pièce que j'habitais était très spacieuse ;
j'avais pour mobilier un grabat et, pour meubles, mes malles et des chaises. Je vis alors entrer un homme enveloppé dans un drap, marchant, sans me regarder, vers mon porte-man-
teau, d'où il retira quelques couverts d'argent.
Cet homme, jaune, maigre, se traînant avec
peine, c'était Bourdon, le naturaliste, qui nous

avait apporté, à Saint-Martin, les dépêches du gouvernement. Il avait passé au plus deux jours dans les *llanos* et cependant les fièvres l'avaient saisi, aussitôt après son retour dans les régions tempérées.

« Bourdon, lui dis-je, je ne suis pas encore mort !

— Ah ! alors excusez-moi ; je repasserai plus tard. »

Bourdon était instruit, très à son aise, mais voleur par tempérament ; il dérobait tout ce qui lui tombait sous la main. Ancien chirurgien militaire pendant la guerre d'Espagne, il avait probablement l'habitude de dépouiller les mourants.

La fièvre ne me quittait plus ; elle était rémittente, mais elle variait d'intensité. Lorsqu'elle baissait, mon esprit était assez lucide ; je reconnaissais mes amis et même je causais avec eux.

Je vis un jour entrer cet excellent chanoine Cespedès : « Ma sœur m'envoie pour vous confesser ; mais, soyez tranquille, je vous parlerai de botanique. » Ce qu'il fit, bien inutilement, car je n'étais guère en état de l'écouter.

Quand je fus guéri, la bonne sœur du cha-

noine me disait : « Si vous n'êtes pas mort, c'est
que Dieu a eu pitié de vous ; il n'a pas voulu
que vous mouriez sans confession. » C'était une
sainte femme que Mlle Cespedès. Néanmoins, j'ai
acquis la preuve qu'à l'occasion elle servait d'*al-
cahuete* à l'épouse du ministre de l'intérieur,
une bonne grosse dame aimant les très jeunes
gens.

Mon colonel, José Maria Lanz, venait me voir
tous les jours et même plusieurs fois dans la
journée. Il jugea mon cas tellement grave, qu'il
me fit transporter chez lui. On me plaça dans
une chaise à porteurs, qu'un artilleur accom-
pagna. C'est dans ce véhicule qu'on portait ordinairement le viatique aux agonisants. Aussi,
quand mon cortège traversa la place du marché,
tout le monde, sur mon passage, se mettait à
genoux. Je fus logé chez la grosse, la très grosse
señora Gertrudiz ; j'eus un lit avec un matelas.
Lanz ne me quittait pas : c'était un garde-malade
étonnant, et j'en avais besoin ; car, pendant
quinze jours, la fièvre persista.

Dans mes moments lucides, j'entrevoyais
Mme R... pleurant à chaudes larmes. Il n'y avait
pas de médecin étranger à Bogota ; c'est ce qui

me sauva; un Anglais, un Français n'aurait pas
osé administrer le quinquina. Ibañès, un docteur de la faculté de Bogota, me le donna à très
forte dose, en pilules, avec du sirop d'oranges
amères que le colonel Lanz me faisait prendre
à heures fixes, avec la précision mathématique
qui était dans ses habitudes. Je pris, par vingt-
quatre heures, 60 grammes de quinquina en
poudre: la fièvre céda en quelques jours; j'entrai en convalescence. Mais en quel état! je
pouvais à peine me traîner debout; j'avais perdu
mes beaux cheveux bouclés. Suivant le colonel
Lanz, j'étais réduit à mon axe. Ma mémoire était
affaiblie comme ma personne.

Quand je pus m'occuper, je passai mes journées à faire des extraits de livres de cuisine; je
ne pus sortir qu'une quinzaine de jours après
avoir quitté le lit. Je ne pensais qu'à manger et
j'entrais fréquemment dans les boutiques de
confiseurs où je me gorgeais de friandises.
Mme R... me donnait de petits dîners fins, auxquels assistait toujours le colonel Lanz.

C'est pendant ma convalescence que j'eus à
soigner mon pauvre colonel d'une hémorrhagie
pulmonaire qu'on n'arrêta qu'en conduisant le

malade à 1500 mètres au-dessous de Bogota.

Roulin et Rivero revinrent sur le plateau avec la fièvre et le premier eut une grave maladie de foie.

Que de souffrances pour connaître le cours du Rio Meta ! Pour moi, ce fut dans mon existence une éclipse de deux mois. Mes forces étant revenues, je me remis au travail au commencement de juin 1824. C'est alors que je fis ma première excursion aux mines de sel de Cipaquira.

IX

Les Cordillères se dégagent du nœud que forment les Andes près du volcan de Pasto de Popayan. La rivière du Cauca coule entre ces deux chaînes jusqu'à Monpox, où elle entre dans la rio de la Magdelena, dont elle est le principal affluent.

Les communications entre la vallée de la Magdalena et celle de Cauca sont difficiles, à cause de la hauteur de la Cordillère centrale, qu'il faut franchir par des sentiers frayés dans d'épaisses forêts.

On connaît trois *pasos* dans ces montagnes.

1° Le paso de Guanacas, partant du village de Guanaca et aboutissant à Popayan. C'est par cette voie que voyagent les marchandises expédiées de Bogota dans le haut Cauca. Les transports ont lieu à dos de mulets; mais le passage du *paramo* de Guanacas, dont l'altitude est très grande, n'est pas sans danger, si on en juge par les ossements de mulets répandus sur le terrain;

2° Les pasos de Guindicé, d'Ibagué à Cartago, sont les plus fréquentés; mais les transports se font à dos d'homme: on est presque toujours en forêt; et, en descendant vers le Cauca, on traverse des marécages impraticables aux bêtes de somme;

3° Plus au nord se trouve le *páramo* d'Hervé, suivi par les *cargueros*, allant de Mariquita à la Vega de Supia. C'était une communication à peu près abandonnée jusqu'à ce que l'industrie minérale, développée de nouveau à Supia, l'ait fait reprendre;

4° Enfin, on introduit encore dans la vallée du Cauca des marchandises venues d'Europe, transportées d'abord sur la Magdalena jusqu'au rio Naze, qu'on remonte jusque près du village de

Mazinilla, entrepôt d'où on les expédic à Medellin et Antioquia. Ce n'est donc pas un paso (portage) comparable à ceux de Guanacas, de Guindicé, d'Hervé, c'est une communication par eau aboutissant sur la pente de la Cordillère centrale.

J'ai traversé plusieurs fois cette Cordillère dont j'avais d'ailleurs étudié le versant oriental, lors de mes excursions dans la vallée de la Magdalena entre Honda et Neyba, et lors de mon ascension au volcan de Tolima; il m'avait été possible d'en reconnaître la constitution géologique jusqu'à une hauteur considérable.

Toutefois, c'est en 1827 que, pour la première fois, je passai de la Magdalena au Cauca, ayant reçu la mission d'examiner l'état actuel de l'exploitation de l'or dans le district de la Vega de Supia, pour donner mon opinion sur les prix que demandaient plusieurs propriétaires de mines à une puissante compagnie anglaise qui s'était formée à Londres pour exploiter les richesses de la Nouvelle-Grenade.

Je devais me mettre en relation avec le notaire (*escribano*) chargé des acquisitions. Le Dr Roulin, dans le cas où j'approuverais les transactions, se réunirait à moi pour exécuter le plan du district avec l'adjonction d'un officier des mines, R. Valker. J'étais, en fait, le commissaire désigné par le ministre pour concilier les intérêts de l'État avec ceux de la Colombian Mining Company.

Ma mission terminée à Supia, je devais me rendre dans la province d'Antioquia pour recueillir des renseignements relatifs aux mines d'or qu'on y exploitait.

Je reçus l'ordre de passer par le *páramo* de Hervé, afin de reconnaître s'il y aurait possibilité de faire arriver, par ce passage, à Supia, tout le matériel qu'on enverrait d'Angleterre, avec un parti de mineurs de Cornouailles. Les expéditions, débarquées à Santa Marta, auraient à remonter la Magdalena jusqu'à Honda, où se trouvait un entrepôt desservant déjà les mines d'argent de Santa Ana, où l'on avait commencé des travaux importants.

De Honda à Mariquita, les transports auraient lieu par mulets; au delà de cette ville, on ne pouvait plus employer que des cargueros, dont la charge ne saurait dépasser quatre arrobas.

On voit à quelles difficultés il fallait s'attendre pour faire franchir la Cordillère à des masses d'un poids considérable et qu'on ne pouvait pas toujours répartir en charges de 3 à 4 arrobas.

Je m'arrêtai à Mariquita, pour organiser mon expédition : un métis intelligent, nommé Vargas, fut choisi comme guide (*vaquiano*). Il connaissait parfaitement la forêt; nous devions passer plusieurs jours sans rencontrer d'habitation. On prépara les provisions : la viande de bœuf en lanières à peu près sèches; du biscuit de maïs, du riz, du chocolat et du rhum. Valker devait m'accompagner; cinq ou six *cargueros*, misérables goîtreux, portaient mon bagage aussi réduit qu'il était possible. En ligne droite, nous n'avions guère plus de vingt lieues à faire pour arriver dans la vallée du Cauca, mais la marche devait être aussi lente que fatigante.

Le 15 juillet 1825, nous allâmes coucher à Bocanemé, misérable hameau, situé à deux heures de Mariquita.

Le 16, je pus aller à cheval jusqu'à Guadalejo, où je restai pour répartir les charges entre les *cargueros*. Il fallut six heures pour atteindre le Sitio, où je passai la journée du 17.

Le 18, à 9 heures et demie du matin, nous prîmes le chemin de la forêt. Vargas, le guide, ouvrait un sentier à travers les broussailles ; à midi, nous fîmes halte au lieu nommé *Los frailes*, où l'on but amplement dans le torrent, parce que nous ne devions plus trouver d'eau qu'à la couchée. Nous avions monté considérablement ; le baromètre indiquait une altitude de 2 140 mètres ; température de l'air, 21°.

Après un repos de deux heures, nous montâmes à l'alto de Aguacatal (alt. 2 590 m.), où nous étions à 3 heures ; nous descendîmes alors jusqu'à un ruisseau nommé Crux Gorda, où nous établîmes notre bivouac à 2 133 mètres. Il était 5 heures. Durant cette journée, nous avions marché à l'Ouest. Les feux furent allumés pour faire la cuisine. Abrités sous une toiture improvisée de larges feuilles de *bijado*, on aurait passé une bonne nuit, si les insectes ne nous avaient terriblement tourmentés.

Le 19, à 7 heures, après avoir pris le chocolat, nous gravîmes l'alto de Crux Gorda (2 164 m.) pour descendre ensuite dans le lit du rio Perillo, où nous arrivâmes à 10 heures (alt. 1 530 m.), bien fatigués, exténués, parce que nous avions dû traverser un terrain jonché d'arbres. Plusieurs fois, j'ai rencontré de ces abattis, sans comprendre ce qui avait pu les occasionner. La foudre tombe assez fréquemment, mais ses effets sont très limités. Le vent seul peut expliquer ces bouleversements, bien qu'il n'exerce sa violence que sur un point limité. J'en ai eu la preuve, dans cette même forêt, quelques années plus tard, alors que je traversais la forêt d'Hervé pour me rendre à Mariquita.

C'était en 1829, il survint un épouvantable ouragan, il pleuvait des branches d'arbres et, durant un quart d'heure, je courus un véritable danger, il n'y avait pas d'abri ; pendant quelque temps, nous marchâmes péniblement sur les débris dont la terre était couverte.

Le rio Perillo vient des neiges du páramo de Ruiz, il se joint près de là au rio Guarino, qui se rend à la Magdalena.

On se remit en marche à midi. Pour sortir du lit profond du Perillo, nous dûmes, pendant longtemps, nous accrocher aux racines, tant la pente était forte. Après cette gymnastique, nous étions, à 1 heure, sur l'alto de Loaysa (alt., 1733ᵐ.) que nous traversâmes à 2 heures.

En sortant du torrent de Loaysa, nous eûmes à lutter contre un singulier obstacle : les feuilles sèches, sur lesquelles nous pouvions à peine nous tenir, tant elles rendaient le terrain glissant ; lorsque la pente était raide, il fallait ôter nos bottes pour avancer.

A 4 heures, nous atteignîmes l'alto del Chuscal (altitude, 2372 mètres). Le guide nous fit descendre un peu plus bas pour établir notre bivouac près d'un ruisseau. Nous passâmes la nuit sans dormir, dévorés par un petit insecte, sorte de punaise nommée *chincha garapata*.

Le 20, à 8 heures, nous quittâmes le bivouac où nous avions été si cruellement tourmentés. A 10 heures, nous retrouvâmes le rio Loaysa ou Guarino, que nous traversâmes plusieurs fois ; en définitive, nous suivions, en nous élevant, le cours de cette rivière, qui coule sur le gneiss.

Nous vîmes, sur une plage, la *playa larga*, où nous fîmes halte, un gros arbre d'une hauteur prodigieuse, creux à l'intérieur. A la partie inférieure du tronc, il y avait une ouverture ressemblant à une cheminée ; l'intérieur était carbonisé. Nos cargueros y firent du feu, dont la fumée sortait par le haut. Il y avait eu incendie probablement spontané, ou occasionné par un coup de foudre.

La marche devenait très lente, à cause de la végétation extraordinairement vigoureuse des bords de la rivière.

A 1 heure, nous passâmes la Quebrada negra, où l'on trouve un calcaire grenu. A 3 heures, la fatigue nous engagea à bivouaquer sur la rive du Guarino de las letras, (alt., 2 066 m.). La roche était un calcaire verdâtre d'une grande ténacité. Pour échapper aux insectes, je résolus. malgré la température relativement basse (13°), de coucher dans mon hamac, où je dormis bien mal, à cause du froid et de la pluie.

Le 21, à 8 heures, nous laissâmes Las Letras. A 9 h 1/4, toujours en remontant le cours du Guarino, nous étions sur l'alto del Escobalito (2 335 m., temp., 15°). A 1 heure, nous arrivions à la Quebrada del Salado, où l'on trouve une source un peu salée, sortant d'un dépôt calcaire. Le site était des plus pittoresques: une forèt de palmiers à cire (*Ceroxylon Andicola*) mêlés de très beaux chênes.

Nous quittâmes le lit du Guarino pour gravir

l'alto de *los Caxones*, que nos *cargueros* dési-
gnèrent sous le nom peu délicat de *los cagajones*,
parce que, par une circonstance singulière,
toute l'expédition eut à satisfaire certain besoin
(alt., 2 789 m., temp., 18°).

De l'Alto, nous pûmes jouir d'une vue
étendue, dont nous étions privés depuis que
nous cotoyions le Guarino. A peine aperce-
vait-on le soleil à travers les feuilles.

Nous descendîmes dans la Quebrada *de las
dantas*, ainsi nommée à cause de l'abondance
des tapirs, et, de là, nous regagnâmes le Guarino *à los plancitos* où nous fîmes halte (alt.
2 600 m.; temp. 9°,5). La nuit, nous souffrîmes
beaucoup du froid.

A *los plancitos*, je vis de vieux chênes qui
brûlaient spontanément. Quelle est donc la
cause de cette combustion? Le tonnerre? c'est
peu vraisemblable, par la raison que les sommets des arbres sont intacts. Le feu se déclare
au bas, dans l'intérieur du tronc.

Le 22, partis des *plancitos* à 8 heures, nous
passâmes le Guarino sur un pont formé par un
arbre non dépouillé de ses branches, pont très
incommode; puis, après avoir cotoyé la rivière,

nous nous arrêtâmes à *los Pantanos*, à 9 h. 1/2 (alt., 2988 m. ; temp., 13°). Nous étions aux sources du Guarino. De cette station, une pente douce conduit au *páramo* de Hervé, où j'ouvris le baromètre. A 2 heures, je trouvai, pour la hauteur au-dessus de la mer, 3160 mètres, il pleuvait ; la température était de 14°,5.

En 1829, précisément au même point, le barometre indiquait, pour l'altitude : 2174. Température de l'air, 14°; il faisait un vent très fort.

Nous étions au point culminant de la route d'Hervé, la ligne de partage des eaux ; le rio Guarino allant à la Magdalena, le rio Poso se rendant au Cauca.

Nous prîmes gîte dans une misérable cabane faite de troncs de chêne, espèce de chalet qui nous parut un palais. La nuit fut bien froide ; le matin, le thermomètre, à l'air libre, marquait 6°. Cependant le vent soufflait avec force, circonstance qui s'était opposée au refroidissement nocturne. Une femme habitait le chalet ; pauvre manchotte, elle avait eu la main brisée entre les cylindres d'un moulin à sucre (*trapiche*). Elle vivait seule, dans le páramo, pour surveiller le

bétail des régions chaudes qu'on y met à l'en-
grais (*a cebar*). Ainsi que les personnes placées
dans l'isolement, cette brave femme parlait à
l'excès, quand on venait la visiter, et si haut,
qu'on ne pouvait supporter la conversation.
C'est au reste ce que l'on remarque chez les
personnes vivant en plein air.

Au chalet, nous pûmes nous réconforter avec
de la viande fraîche, de l'excellent fromage, des
pommes de terre, du lait.

Le bétail réparti dans les herbages d'Hervé
était un assez beau troupeau. Il engraissait
promptement, non seulement par l'abondance
et la qualité du fourrage vert, mais encore par
l'absence des insectes et la profonde tranquil-
lité dont il jouissait dans cette solitude. Je ne
l'aurais jamais cru avant de l'avoir constaté, le
moindre bruit, de même que l'apparition d'un
objet nouveau, attirait aussitôt les regards des
bêtes à corne. Ainsi, pour monter du chalet au
páramo, afin d'y prendre des hauteurs du soleil, pour fixer la latitude et déterminer les variations de l'aiguille aimantée, nous suivîmes,
Walker et moi, un pli de terrain. Arrivés sur
l'esplanade, nous la trouvâmes occupée sur un

espace considérable par un troupeau de 12 à
1 500 bœufs et taureaux, tous couchés dans la
même attitude. Une fois en vue, toutes les têtes
se tournèrent vers nous avec une précision
semblable à celle qu'aurait occasionnée une
horloge. Nous regagnâmes aussitôt le pli de
terrain. Un quart d'heure après, nous essayâmes
une seconde ascension et tout de suite les mille
têtes se tournèrent vers nous. Nous restâmes,
afin de voir si nous étions simplement un objet
de curiosité ; mais alors les animaux les plus
rapprochés de nous se levèrent, en agitant la
queue et en poussant des rugissements répétés
par tout le troupeau ; nous allions être attaqués,
aussi jugeâmes-nous prudent de rentrer dans
notre abri. Les rugissements cessèrent quand
nous eûmes disparu, et nous procédâmes tranquillement aux observations.

Des hauteurs du soleil prises en dehors du
méridien donnèrent 5°,23 pour latitude nord.
Par le transport du temps, on eut 1°,5 à l'ouest
de Bogota.

Nous passâmes une partie de la journée
dans la cabane, en attendant les chevaux que
j'avais envoyé chercher.

Le 23, à 3 heures, je montai à cheval, heureux de ne plus être forcé d'aller à pied. Depuis le départ de Guadalejo, j'avais été atteint d'une éruption aux jambes : de grosses pustules blanches m'avaient rendu la marche fort douloureuse. Plus tard, il fut reconnu par le D^c Roulin que j'avais été fortement vacciné par un cheval gris-pommelé près duquel j'avais couché à Mariquita et qui avait *les eaux*. Chez le cheval, comme chez la vache, les pustules varioleuses se développent spontanément.

Nous arrivâmes au *Sitio del Caboullal* à 5 heures, environ **3** lieues à l'ouest du páramo : c'est une petite culture (*estancia*) où nous passâmes la nuit (alt., 2377 m. ; temp., 17°). Je dormis assez mal sur un banc formé de rondins de chêne ; toutes les heures, j'étais forcé de me retourner, tant le lit était dur.

Le 24, en cinq heures de marche au plus, nous arrivâmes au *Sitio del cedrito*, où nous fûmes très bien accueillis par une famille de cultivateurs ; le propriétaire, s'attendant à nous recevoir, avait eu l'attention de construire une *table*. La nuit, je pris une hauteur double de l'*alpha* du Centaure. En traversant un torrent, je vis encore le gneiss et le schiste. (Alt. del Cedrito, 2000 m.; temp., 19°).

Le 25, ayant pu changer nos mauvais chevaux pour des mules, après une journée très fatigante, à cause des aspérités du chemin, nous prîmes gîte dans une habitation située près de de l'Alto del Tambor (alt., 1 862 m.; temp., 21°). Une hauteur méridienne de Wéga de la Lyre donna pour latitude nord 5°,26'. Le chronomètre nous plaçait à 1° 18'30" à l'ouest de Bogota.

Mon bagage n'était pas arrivé; les cargueros n'avaient pu me suivre. Walker resta pour l'attendre.

Le 26, je descendis seul au Cauca. Je me trouvais à midi au paso de Velasquez (alt., 754 m., temp., 31°,1). Le cours de la rivière est excessivement rapide; il serait dangereux de la passer en canot. Je fis marché avec le *pasero*; il alla couper des *bambusa guada*, en fit un radeau solidement lié par des lianes (*rejucos*); en moins de deux heures, l'embarcation fut à flot et me conduisit avec la rapidité d'une flèche sur la rive opposée.

La rivière est fortement encaissée. Pour sortir de la plage où j'avais débarqué, j'eus à gravir un talus de galets mouvants incliné à 40°. La montée ne fut possible que par les escaliers que l'on formait en enfonçant le pied dans le terrain mouvant. Pour gravir cette pente qui n'avait guère que 14 mètres, il fallut m'y reprendre à plusieurs fois ; lorsque j'étais sur le point d'atteindre le sommet du talus, le sol s'écroulait, et je me retrouvais au point de départ.

Au paso de Velasquez, le Cauca coule dans une direction N.-E. Le soleil dardait avec force. La terre, de couleur noire, était tellement échauffée qu'on ne pouvait y tenir la main. Enfin, je réussis ; mais je me trouvais dans un tel état d'épuisement que je craignais une congestion. Je gagnai la baraque où demeurait le pasero ; je mourais de soif ; heureusement il y avait de l'eau-de-vie pour faire des grogs. Je ne sais combien j'en bus ; après quoi je m'étendis dans mon hamac, étant dans un état de transpiration indescriptible, et je dormis d'un trait jusqu'au lendemain.

Le 27, à 8 heures, je partis pour la Vega, où j'entrai à 1 heure. En route, je vis la saline del Peñol.

La Véga est une rue longeant le cours du rio Supia, bordée de constructions couvertes en feuilles de palmier. C'est un misérable endroit. Je logeais chez une veuve respectable, doña Margarita, avec laquelle, plus tard, je fis plus ample connaissance et dont j'aurai à raconter une singulière histoire.

Une hauteur méridienne de Wéga de la Lyre donna $5°27'56''$ pour latitude nord (alt., 1225 m. ; temp., 23°).

Le 28, j'allai coucher à Quiebralomo, et, le 29, je m'installai dans le village, ou plutôt dans la mission de Rio Sucio d'Engurumi, centre de mes observations.

Les observations de hauteurs d'étoiles montrent qu'à partir de Mariquita on n'a pas changé sensiblement de latitude et que, par conséquent, nous avions constamment marché à l'ouest. Presque toujours nous étions restés sur les gneiss et les micaschistes.

Je réunis ici les latitudes observées pendant la traversée de la Cordillère, depuis Honda, sur la Magdalena, jusqu'au Cauca, au paso de Velasquez.

DATES. (1825)		LOCALITÉS PARCOURUES.	ALTITUDE.	MONTÉ.	DESCENDU.
15 juillet.		Honda.	235	»	»
—		Mariquita.	548	313	»
—	Coucher.	Bocamené	908	360	»
—		Palanque.	1194	286	»
—		Boca del Monte.	1294	100	»
16-17 —	Coucher 2 nuits.	Guadualejo.	1756	462	»
—		Las Partidas.	1970	214	»
18 —		Los Frailes.	2140	166	»
—		Alto del Aguacatal.	2590	450	»
19 —	Bivouac.	Cruz gorda.	2164	»	426
—		Rio Perillo.	1530	»	634
—		Alto de Loaysa.	2099	569	»
—		Rio Guarino o Loaysa.	1733	»	366
—	Bivouac.	Alto del Chuscal.	2372	639	»
20 —		Rio Guarino de las letras.	2066	»	306
21 —		Alto de l'Escobalito.	2335	269	»
—		Alto de los Caxones.	2789	454	»
22 —		Plancitos de Guarino.	2600	»	189
—	Bivouac.	Los Pantanos.	2988	388	»
23 —		Paramo de Hervé.	3167	179	»
—		Rio Posito.	2651	516	»
—		Alto de las Bruxas.	2982	331	»
—	Bivouac.	El Caboullal.	2377	»	605
—		Alto del Roblo.	2608	231	»
—		Curubital.	2131	477	»
24 —		Torrent del Cedrito.	1809	»	322
—		El Cedrito.	2001	192	»
—		Chambiri.	1992	»	9
—		Alto del Perro.	2384	392	»
—		Quebrada del Palo.	1734	»	650
25 —	Bivouac.	Alto del Tambor.	1862	128	»
26 —		Rio Cauca.	754	»	1108
				6127	5608

Monté. . . 6127 Trouvé : Altitude de la Magdalena à Honda. 235 mètres.

Descendu . 5608 — du Cauca à Vélasquez. . . 754 —

Différence. 519 Différence de niveau. . . . . 519 —

J'ai placé, en regard des altitudes, les différences en plus ou en moins, constatées entre
deux stations. On trouve, pour la différence de
niveau des deux rivières, 519 mètres, précisément la différence déduite de l'altitude des
deux stations extrêmes. Il y a là probablement
une coïncidence due, en partie, au hasard,
mais il n'en résulte pas moins une preuve de
la possibilité de faire un nivellement suffisamment exact entre deux points éloignés, à l'aide
du baromètre, surtout, comme cela a été le cas,
à l'aide du même baromètre.

Ainsi le Rio Cauca, au paso de Velasquez, serait de 539 mètres au-dessus de la Magdalena.
Les deux cours d'eau prennent naissance à peu
près au même point et comme leur jonction a
lieu à environ 85 lieues (de 20 au degré), on
conçoit la rapidité du Cauca pendant son parcours; aussi n'est-il pas navigable. Arrivé à
Monpox, peu élevé au-dessus de l'Océan, sa
chute est de 519 mètres, tandis que celle de la
Magdalena ne dépasse pas 215 mètres.

J'avais mis douze jours pour me rendre de
Mariquita à la Véga en bivouaquant sept fois
dans la forêt.

Rio Sucio, où je me proposai de centraliser les opérations, se trouve sur le versant Est de la Cordillère occidentale. La localité était convenable sous le rapport du climat naturellement assez humide à cause de la proximité des forêts.

L'altitude est de 1818 mètres, température moyenne, 20°.

C'est une esplanade peu étendue, où aboutissait, au sud, une communication avec Cartago; au nord, le chemin conduisait à la population indienne de Chami, fixée sur les limites du Choco.

Rio Sucio est à la base d'une magnifique roche de syénite porphyrique. Les maisons, construites en bois, enduites de torchis, couvertes en feuilles de palmier, sont disposées de manière à clore un grand espace, la *plazza*, ainsi qu'il arrive dans la plupart des missions. L'Église, qui ne diffère des habitations que par ses dimensions, est surmontée d'un beffroi où une cloche est suspendue.

Je me logeai dans une maison assez propre et nécessairement vide, près de laquelle, dans une grande cabane, je pus établir le bureau et une table à dessiner que l'on tailla, non sans peine, dans le tronc d'un arbre plusieurs fois séculaire.

On me prêta, du presbytère, un fauteuil du xvie siècle, masse de charpente énorme, garnie de cuir de Cordoue. Pour dormir, j'eus une *barbacoa* en roseau ; enfin, je pus me procurer l'appareil indispensable dans toute maison américaine : une belle jarre en terre cuite, pouvant contenir près d'un hectolitre d'eau et suffisamment perméable pour rafraîchir le liquide en fonctionnant à la manière des alcarazas.

On ne m'avait pas signalé de gîtes minéraux en cours d'exploitation à Rio Sucio ; mais tout près, un peu plus bas, à Quiebralomo (alt. 1 868 m.).

Les mines que j'avais à visiter étaient ainsi réparties, en procédant de l'est à l'ouest.

		Altitude.
1° Quiebralomo.	1 768 mètres.
2° Llanos de la Véga de Supia. . .	1 225 —
3° Marmato, Casa morena..	1 474 —

Les exploitations étaient peu éloignées de Rio Sucio et c'était uniquement le mauvais état, on pourrait dire l'absence complète de chemins, qui rendait l'inspection assez pénible.

La Véga de Supia, considérée comme centre du district minier, est bâtie au fond d'une vallée étroite, sur une alluvion aurifère, traversée par un torrent venant du nord-ouest, des montagnes auxquelles se relie Rio Sucio. Cette rivière, après avoir traversé, dans une direction nord-sud, les llanos de la Véga, sort par un passage étroit ouvert entre des montagnes de syénite porphyrique et, tournant vers l'est, se jette dans le Cauca. Marmato, où sont des filons considérables de pyrite aurifère, est séparé du llano de la Véga de Supia par un rameau de montagne. A Marmato, on est dans la vallée du Cauca, à 6 ou 800 mètres au-dessus de la rivière et sur une pente si inclinée qu'il est difficile de trouver des terre-pleins pour l'établissement des machines.

Je trouvai à Rio Sucio le Dr Roulin et le notaire (*escribano*) Escobar qui étaient venus de Bogota par le Quindiù et de Cartago par la forêt longeant le Cauca, route que j'ai suivie plusieurs fois et dont j'aurai occasion de parler.

Escobar était accompagné de son fils âgé de

18 à 20 ans, aux yeux noirs, cils prodigieux, teint pâle, un type de la race blanche mêlé d'un peu de sang muysca que les *conquistadores* ont développée. Il possédait une si belle figure que, malgré son costume masculin, je soupçonne fort que nous avions devant nous non pas le fils, mais la femme de l'escribano. Le ou la pauvre enfant avait pris les fièvres durant le voyage. Quant à l'escribano, c'était un habile homme, de très bonnes relations, et qui me témoigna une grande affection, bien qu'il faillît me tuer dans la circonstance que voici :

Nous étions en tournée à Marmato, que nous allions quitter. Escobar, déjà à cheval, tenait horizontalement appuyé sur la selle un fusil chargé de chevrottines destinées à un cerf que nous espérions rencontrer. Au moment où je mettais le pied à l'étrier, la monture d'Escobar fit un écart et le coup partit. Quelques lignes de plus, et je recevais la charge dans la tête ; les balles me rasèrent la figure, où s'incrustèrent quelques grains de poudre. Il fallait voir dans quel état se trouva le notaire ; je crus qu'il allait devenir fou ; nous eûmes toutes les peines

du monde à lui prouver que j'étais encore
vivant.

A peine installé, les signaux posés pour la
triangulation que l'on allait exécuter comme
base du plan du district de Supia, j'entrai en
relation avec les propriétaires des mines.

Ceux de Quiebralomo étaient des métis, des
mucatos, exploitant de leurs mains, aidés parfois d'un ou d'une esclave; car c'était curieux,
en Amérique, cette association pour le travail du maître avec l'esclave. Le maître aurait
eu tout le profit si l'usage n'avait accordé à l'esclave deux journées par semaine de liberté absolue, qu'il employait comme il l'entendait, à
laver des sables aurifères. Et en fait, à Supia,
un nègre ou une négresse, parvenu à l'âge de
vingt-cinq ou trente ans, possédait, en or, une
somme suffisante pour se racheter comme la loi
très humaine sur la manumission le permettait.
Généralement, le rachat n'avait pas lieu. L'escla-
vage est supportable lorsqu'il est volontaire,
ou plutôt, il n'existe plus.

Le propriétaire des mines les plus importantes du district était don Francisco de Lemos, *administrador del correo*, un type méritant une mention spéciale.

Don Francisco avait reçu, par héritage, d'une tante, la señora Moreno, les mines et les esclaves. Quand je le vis, dans sa triste habitation del Guamal, il pouvait avoir une trentaine d'années. Il portait un vêtement de drap brun-clair, pour coiffure, un mouchoir de coton, abritant sa complète calvitie. Sa figure, agréable, aurait été belle sans un teint bilieux indiquant une affection hépatique. Il était assis à une toute petite table, son bureau. Il y restait cloué du matin au soir. Quant à son service, rien de plus simple. Il recevait et expédiait deux ou trois courriers par semaine.

Vis-à-vis de la misérable habitation del Guamal, se trouvait une suite de huttes, un village africain, abritant des esclaves assez nombreux. Les nègres et les négresses étaient employés toute la journée à laver des alluvions. Don Francisco envoyait l'or à la monnaie de Popayan, une partie seulement, ayant jugé prudent de dissimuler sa richesse à une époque où le gouvernement frappait des impôts sur les riches.

Aussi don Francisco n'aimait pas s'absenter. Il vint cependant me faire une visite à Rio Sucio.

C'était un aimable vieux garçon, bien élevé, je ne sais comment, sachant écrire très correctement, n'ayant jamais rien lu, si ce n'est la gazette. Amasser de l'or, fumer, étaient ses principales occupations. Il y avait plus de vingt années qu'il restait immobile dans son fauteuil, vivant surtout de chocolat, d'un peu de viande sèche, de quelques bananes, et ne buvant que de l'eau.

Il n'était pas marié ; sa famille consistait en une assez jolie fille, un beau garçon, issu des amours de doña Moreno, sa tante, avec un de ces danseurs de corde qui font de rares apparitions dans les villes et même dans les villages de l'Amérique du Sud et qui, par leurs exercices, leurs maillots, leurs pailletteries, tournent la tête des plus grandes dames.

J'eus ces détails du Dr Hervis, chirurgien des mines, qui devint le danseur de corde de la demoiselle, nommée Escolastica. Heureusement pour don Francisco, ces enfants, étant bâtards, n'avaient aucun droit à l'héritage de la señora Moreno.

Escolastica chassait de race : brune, pimpante,
bien faite, agile, d'une audace incroyable. Une
nuit, allant rejoindre mon cheval resté au
Guàmal, je passai le pont de Guaduas, jeté sur
le Supio. Je m'y rencontrai avec un homme qui
avança sur moi le sabre en main ; je me mis en
garde et j'allais frapper, quand mon agresseur
partit d'un grand éclat de rire. C'était Escolastica, se rendant chez Hervis, ainsi que cela ar-
rivait depuis une mésaventure survenue au docteur et qui l'avait déterminé à ne plus faire de
promenade nocturne.

Un jour, un peu avant le lever du soleil, me
rendant à la Véga, je vis les chiens du Guamal
ameutés près d'un four à pain. Avant mis pied
à terre pour savoir ce qui les excitait, — tous
les chiens étaient de mes amis — je fus ac-
cablé de caresses par la meute quand une voix
lamentable sortant de l'intérieur du four
cria :

« Don Juan, tirez-moi de là ; ces maudites bêtes me tiennent en arrêt depuis trois heures. »
C'était Hervis, que les circonstances avaient
obligé de s'enfourner, en attendant un instant
propice à ses amours.

Le curé du Rio Sucio nous souhaita la bien-
venue dans un grand dîner qu'il nous donna à
Quiebralomo. Les autorités municipales, gens
de couleur, y assistèrent convenablement vêtus, quoique nu-pieds. Le repas pantagruéli-
que, un dîner du xve siècle, eut lieu dans une
maison couverte en tuiles, relativement un
palais.

Ce que l'on servit était grandiose. On commença par des *ollas podridas* excellentes, mais
qui nous firent sourire, parce que c'étaient des
pots de chambre en porcelaine de Wegdwood
qui servirent de soupières, des pots de chambre
vierges, par la raison qu'on ignorait leur légi-
time destination.

Devant chaque convive, on servit, dans de
petits plats en terre, une foule de mets accom-
modés à l'espagnole.

Tout fut très bon, mais trop abondant. Nous
étions servis à la russe. Le dessert fut curieux
et succulent : des compotes de fruits à nous
inconnus.

On but du vin sec d'Espagne et introduit par
le Choco; du rhum préparé dans la contrée en
distillant le jus de canne fermenté. Le capi-

taine Walker s'enivra, mais tout se passa très décemment. L'amphytrion resta debout, occupé à diriger le service, aidé par une créole, Manuela, dite la Maïser, sa femme de charge (ama de llave), digne femme, que j'ai vue à l'œuvre pour soigner les malades et les consoler, les convalescents, surtout quand ils étaient jeunes.

Le curé, le Padre Bonafonte, était des plus charitables. Né au Socorro, voici comment il vint échouer dans la mission de rio Sucio de Engurumi.

Il fut d'abord militaire; quitta le service. C'était un joueur effréné. Il entra dans les ordres.

Le Padre Bonafonte avait 68 ans, petit, bien fait, des yeux bleu faïence d'une vivacité surprenante, toujours sur pied. Je le vois, lisant son bréviaire dans sa maison, toutes les portes ouvertes, exposé à tous les vents.

Nous ne nous quittions pas. Il me donnait des renseignements précieux sur le pays, principalement sur les Indiens Chami, ses voisins, dont j'ai observé les mœurs, me trouvant journellement avec eux.

Ce cher curé se lançait dans toutes sortes
d'entreprises. C'était un homme éclairé : il possédait une bibliothèque que l'on citait; plus de
60 volumes, entre autres *El teatro critico del
padre Fejijo*, un jésuite, je crois, ayant, non
sans raison, une assez grande réputation en
Espagne. Le bon curé fut tout fier en me montrant mon nom cité dans le *teatro critico;*
c'était un article du révérend père Adam
Boussingault, religieux de l'Ordre de Sainte-
Croix.

Un dimanche, en ma qualité de catholique,
il m'engagea à assister à une messe; je m'en
souciais peu ; il insista, et, pour lui être
agréable, j'y consentis. Après la messe, il crut
devoir faire un sermon contre Voltaire et contre
Rousseau. Il discuta quel était le pire de ces
deux mécréants. Les Indiens n'y comprenaient
rien du tout. D'abord je n'ai jamais vu un
Indien christianisé écouter un sermon. J'assistai
encore une fois au service divin; mais je dé-
clarai que je préférais rester chez moi. Il ne
s'en formalisa pas; seulement pour tout concilier, il me fit cette ennuyeuse proposition : « Don
Juan, vous n'entendrez plus la messe, mais pour

faire acte de bon catholique, faites-moi l'amitié,
le dimanche, de sonner la cloche du beffroi,
pour appeler les fidèles. »

Toutes les fois que je me suis trouvé à Rio
Sucio, ce jour-là, je n'ai jamais manqué de
remplir les fonctions de sonneur. Walker assurait que je sonnais dans la perfection; mais
c'était Walker qui absorbait les rafraîchis-
sements que le Padre ne manquait pas d'envoyer au sonneur. Roulin prétendait que je ressemblais au sonneur de Saint-Paul, le héros
d'un mélodrame fameux. Les *scies* ne manquaient pas. Je sonnais tout de même.

Quand, plus tard, je devins en quelque sorte
habitant de la Véga, en ma qualité de surintendant des mines, mes relations avec le Père
Bonafonte continuèrent. Plus je connus ce bon
missionnaire, plus je l'aimai.

C'était un apôtre. J'admirais son zèle religieux. A quelque heure que ce fût, quand on
venait le chercher pour assister un mourant, il
partait par tous les temps et quelquefois il allait
assez loin dans la forêt, exposé à de mauvaises
rencontres d'Indiens inconnus, de nègres mar-
rons fugitifs du Choco. Je sus par son sacris-

tain que plusieurs fois le Padre avait été en
danger; dès lors je lui offris de l'accompagner
quand il irait dans des passages suspects. Il
accepta en avouant qu'il craignait qu'on ne lui
volât son crucifix en argent, qu'il n'en avait
qu'un, auquel il tenait infiniment.

Les gens aisés de Rio Sucio habitaient des
maisons couvertes en paille, formant et limi-
tant une très grande place. Les pauvres, les
Indiens pur sang, les Zambos vivaient isolés
dans les clairières des forêts, cultivant le maïs,
élevant quelques poules; ces *estancias*, ces *cha-
carras* s'étendaient à de grandes distances.

Les jours de fête, ces populations éparses se
réunissaient au village, apportant leurs produits : des poules, des œufs, des racines de
yucca.

Ces réunions étaient curieuses : chaque individu avait une nuance de peau particulière,
suivant la différence de race; entre le père et la
mère et au milieu de cette population mêlée,
les Indiens Chami, mes bons amis, se promenaient avec gravité, nus, les cartilages du
nez, les oreilles ou les lèvres ornés d'anneaux

d'or et portant soit un arc, soit une sarbacane, avec leur munition de flèches empoisonnées.

J'étais devenu très populaire comme sonneur de cloches.

Le Padre, toujours chaussé de bottes molles à l'écuyère, était prêt aussitôt qu'on venait le chercher pour adoucir les derniers moments d'un de ses paroissiens. Il montait immédiate ment sur sa mule, me priant de l'accompagner, s'il s'agissait d'aller loin ; je prenais mon *aiguille*, un espadon formidable, et nous nous mettions en route... par quels chemins ! fumant constamment jusqu'à l'arrivée à destination : c'était le plus ordinairement une misérable cabane. Après avoir confessé et donné l'extrême-onction, nous retournions au Rio Sucio.

« Encore une âme sauvée, ne manquait pas de dire mon vénérable compagnon, quand nous mettions le pied à l'étrier. »

J'étais son garde du corps, son gendarme. Animé du zèle religieux le plus pur, et, je puis ajouter, le plus désintéressé, l'excellent missionnaire ne connaissait pas la fatigue ; je dis le zèle le plus désintéressé, parce que ces paroissiens les plus éloignés ne possédaient absolument rien qu'ils pussent offrir à leur curé.

C'était, au reste, prise dans son ensemble, une assez pauvre cure que celle de mon vieil ami. Il ne recevait rien ou presque rien et, relativement, il donnait beaucoup. Je fus quelque temps avant de découvrir d'où provenaient ses ressources.

De toutes les entreprises tentées par le Padre Bonafonte, une seule avait réussi, mais complètement réussi. C'était l'entretien d'un baudet reproducteur, d'un âne étalon, dont l'office était de créer des mulets. La bête, horrible à voir, à poils longs et crottés, occupait un enclos, dans un plantureux pâturage; c'est là qu'on lui amenait les juments qu'il devait saillir. Il était infatigable. Quand il hésitait, on lui administrait des coups de bâton, et aussitôt commençait une course effrénée entre la cavale qui le fuyait et le baudet qui la poursuivait. Que de coups de pied recevait l'aliboron avant d'être vainqueur; son corps était couvert de cicatrices.

Le curé recevait une piastre (5 francs) pour chaque exploit accompli par son âne; et, dans les bons moments, quand on lui donnait du maïs, il produisait jusqu'à 12 piastres dans un jour, c'était autant d'argent pour les pauvres.

Quand aujourd'hui, dans une quête faite aux églises de Paris, le prêtre en me tendant sa sacoche, dit : « Pour les pauvres, pour les frais du culte », je ne puis m'empêcher de penser à l'âne du curé de Rio Sucio.

Ce qu'admirait le père Bonafonte, quand il se trouvait chez moi, c'étaient mes instruments : le théodolite, les boussoles, le sextant, les baromètres et les thermomètres.

Sa surprise fut extrême quand, en lui montrant l'hygromètre de Saussure, je lui dis que le cheveu tendu qu'il apercevait indiquait la quantité d'humidité contenue dans l'air et que, selon qu'il s'allongeait plus ou moins, il permettait de prédire la pluie ou le beau temps.

J'avais en effet reconnu que, depuis le lever du soleil jusqu'à midi, une heure, ou même deux heures, par un ciel pur ou peu nuageux, l'aiguille de l'hygromètre marchait fort régulièrement au sec, que lorsque l'aiguille, vers dix à onze heures, au lieu de continuer d'avancer

au sec, c'est-à-dire vers le zéro de la gradua-
tion, restait stationnaire et à plus forte raison
rétrogradait, on devait s'attendre à de la pluie
ou de l'orage.

A quelques jours de là, je vis arriver le
curé qui, d'un air assez embarrassé, me demanda ce que disaient les instruments 'par rapport au temps. Il finit enfin par m'avouer qu'il
régnait une sécheresse très préjudiciable aux
cultures, que ses paroissiens insistaient pour
qu'on fît des 'prières et des processions afin
d'obtenir de la pluie. Le bon père ajouta :
« Mon église est sous la protection de San Sébastian; je ne demanderais pas mieux, si je ne
craignais de compromettre la réputation du
saint, de faire ce qu'on me demande. Ainsi, don
Juan, dites-moi si, d'après vos instruments, il
y aura de la pluie. »

Lors de la consultation, il était onze heures
et l'aiguille avançait rapidement vers zéro; le
ciel était sans nuages, je conseillai de laisser le
saint dans sa niche.

Cependant la sécheresse continuait; les paroissiens exigeaient une procession; le Padre
Bonafonte, croyant modérément à la puissance

d'intercession du saint, venait tous les matins me demander ce que disait le baromètre, et s'il fallait faire sortir San Sébastian; ma réponse était subordonnée aux indications de l'hygromètre.

Enfin, un jour, jour fameux pour la gloire du patron de l'église de Rio Sucio, ma réponse fut : « Lâchez le saint ! »

Aussitôt on organisa une procession; l'image de Saint Sébastien, une affreuse croûte, fut promenée durant une heure et, dans l'après-midi, un coup de tonnerre annonça l'orage.

Depuis lors, toutes les fois que des processions étaient réclamées pour demander de la pluie ou de la sécheresse, le curé ne manquait pas de me consulter, en me disant d'un air narquois : « Don Juan, pouvons-nous sortir San Sébastian? » Ma réponse dépendait de l'état hygrométrique de l'atmosphère.

Je commençai à inspecter les mines acquises provisoirement.

Mes occupations furent nombreuses et mes relations avec l'église en souffrirent nécessairement. Pour qu'on puisse se former une idée de

la situation des gîtes en cours d'exploitation
que je devais examiner, je tracerai une coupe
du terrain de l'est à l'ouest, depuis Rio Sucio

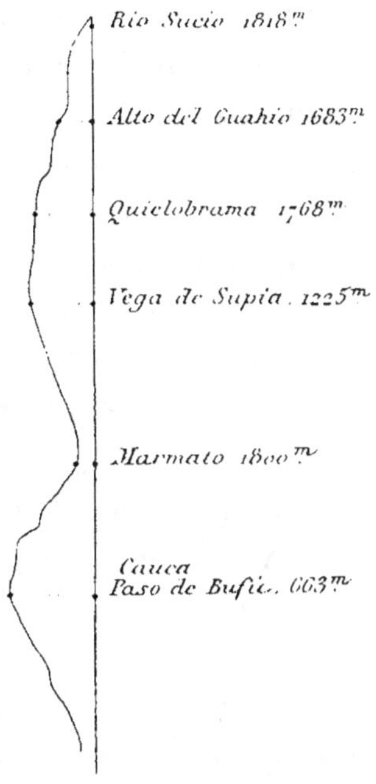

jusqu'au Rio Cauca, paso real de Bufié placé un
peu au-dessous du paso de Velasquez.

La distance de Rio Sucio à Marmato est d'environ trois lieues ouest-est. Les différences en
altitude sont faibles. Néanmoins, l'espace com-

pris entre les deux points extrêmes est des plus accidentés. C'est un terrain ondulé.

Rio Sucio est sur la syénite porphyrique. On suit cette roche plus ou moins modifiée au delà de Quiebralomo, où elle disparaît dans un dépôt d'apparence arénacée, à particules fines de quartz, de feldspath et d'amphibole, un grès à couches inclinées sur les pentes de syénite. J'ai retrouvé ces singuliers dépôts en lambeaux presque partout. J'ai été fort embarrassé pour en fixer l'âge et je le suis encore. On n'y connaît pas de débris d'êtres organisés. Cependant, près de rio Sucio, on a signalé de minces couches de lignite. Serait-ce une arkose des porphyres; cela est possible. Aux yeux des mineurs, c'est une roche stérile, on n'y rencontre jamais de filons métalliques.

Avant d'arriver au rio Sucio, on est déjà sur l'alluvion aurifère qui couvre le fond de la vallée, élevée, d'après les nivellements, de 500 à 600 mètres au-dessus du Cauca.

Après avoir passé le llano, on aborde la ramification qui le sépare du Cauca. En laissant ce dépôt au nord, on trouve et l'on suit la syénite porphyrique jusqu'au point culminant, la boca

del monte; on est alors sur une roche schisteuse, micachiste et schiste syéniteux qui, un
peu plus bas, en descendant vers la rivière,
est en contact avec le porphyre. La roche schisteuse est comme enchàssée dans la roche cris-
talline; on la suit jusque vers le ruisseau de
Cascadel, au-dessus duquel, en remontant vers
Marmato, apparaît la syénite porphyrique qui
s'abaisse jusqu'à l'hacienda de Muruyà. Là, la
roche prend les caractères de la syénite proprement dite par la présence du quartz et du mica,
assez rare dans les porphyres.

Les roches dominantes du terrain du district
de la Véga sont donc, en commençant par la
partie inférieure, le Cauca :

1° Des schistes micacés, talqueux ou argileux ;

2° De la syénite porphyrique ;

3° Dépôts arénacés (arkose ?) disposés en
lambeaux ;

4° Une alluvion aurifère formée de débris de
syénite porphyrique.

La syénite porphyrique d'Engurumi est la
variété dominante.

C'est une pâte de feldspath compacte (*petro-silex*) dans laquelle sont disséminés des cristaux, de beaux cristaux d'amphibole et de feldspath blanc (*orthose !*). On n'y aperçoit pas de quartz et rarement du mica.

En allant de rio Sucio, d'Engurumi à Quiebralomo, cette roche est modifiée. Elle est d'un blanc terne ; c'est toujours une pâte feldspathique renfermant une multitude de cristaux de feldspath. Son aspect est terreux : on y voit rarement de l'amphibole, mais de très petits cristaux de fer oxydulé et de pyrite. Ainsi que toutes les roches appartenant aux terrains de syénite, et grünstein porphyrique, elle produit une légère efflorescence au contact des acides.

Les filons aurifères sont nombreux dans le porphyre de Quiebralomo. Leur direction m'a paru être généralement sud-ouest, presque verticale, d'une faible puissance. La gangue consiste en quartz grenu, chaux carbonatée, argile blanche. On y trouve, indépendants, de l'or natif, de la pyrite, de l'antimoine sulfuré, de la blende et quelquefois du cinabre. Tous ces sulfures sont aurifères. La richesse des gîtes est quelquefois très grande ; cependant rien de plus variable que cette richesse. Il arrive qu'une veine exploitée avec profit se rétrécit tout à coup, disparaît pour reparaître ensuite. On me montra un filon sur lequel une galerie poussée à 2 mètres donna 1 000 pesos d'or ; c'est à cette variation dans les produits qu'est dû le nom de *minas de tope* (mines du hasard) donné par les mineurs aux gisements de Quiebralomo.

Les mines sont exploitées par des galeries ouvrant sur le ruisseau de San Inès. Le travail est exécuté à la *vara*, une barre de fer ayant à son extrémité une pointe pour piquer, à l'autre un tranchant pour entailler. Cette *vara*, dans toute l'Amérique méridionale, est l'outil des mineurs. Maniée par un homme robuste, elle remplace avec avantage les *pics* usités en Europe.

Les travaux poussés sur certains filons de peu de puissance n'ont quelquefois pas plus d'un mètre de hauteur ; on travaille couché ; le toit est étayé par des rondins en bois très dur, quand le peu de cohésion de la roche l'exige. C'est à peine si le mineur peut respirer dans la situation où il est placé ; je l'ai éprouvé

11

sur moi-même, en examinant un filon très riche.

Le minerai *caliche* sortait de la mine emporté dans des sacs de cuir, était d'abord débourbé, puis broyé à la molette par des femmes et lavé à la *batea*, sorte de plat conique. L'or en poudre en lamelles se rassemble au fond de la batée, mêlé à un sable noir, en grande partie du fer titané, est soumis à un second lavage dans une sébile faite avec une corne de bœuf ; c'est le procédé général d'extraction de l'or dans toutes les mines de la Véga.

Près de la mine de San Léandro, sur le dépôt arénacé que j'ai décrit, je remarquai un gros bloc d'une roche noire ayant l'apparence du basalte. Après quelques recherches, je trouvai cette roche en place près des mines de Botafuego et de Sabaleta, superposée au porphyre. Elle avait une hauteur d'une vingtaine de mètres, et offrait une division en prismes. La superposition au porphyre était évidente. Sur quelques points on couvrait avec la main la ligne de démarcation des deux roches.

La roche noire est tenace, sonore sous le marteau, la cassure céroïde ; on y distingue de longs cristaux de feldspath vitreux, d'un blanc jaunâtre et de très petis cristaux de pyroxène. Elle fond au chalumeau en un verre noir opaque. Par le feldspath vitreux et l'absence d'olivine, et nonobstant la disposition en prismes, la roche noire ne me paraît pas être un basalte, mais un trachyte ; elle n'est pas très commune et semble disposée çà et là sur le porphyre.

L'or que l'on a extrait sous mes yeux de la mine de Botafuego présentait cette particularité d'être noir foncé. J'ai reconnu par l'analyse que la matière noire, qui est superficielle, consiste en sulfure d'argent et en sulfure de mercure.

Le dépôt d'alluvion aurifère placé au fond du bassin de Supia paraît reposer sur le terrain sédimentaire (arkose) sur une épaisseur de 3 à 5 mètres. Il est formé de galets roulés et de syénite porphyrique.

Lorsque je me trouvais sur le *llano*, les nègres del señor de Lema travaillaient à extraire l'or en dirigeant une prise du Supia pour attaquer l'alluvion. En exécutant diverses tranchées, les débris arrachés par l'impétuosité du courant d'eau aidé de l'action de la vara étaient dirigés dans des canaux. C'est du sable fin, noir, restant après que les galets avaient été entraînés — la *cintá*, — que les négresses retiraient l'or par le lavage, or ayant une couleur tirant sur le rouge qui lui a fait appliquer le nom d'or *colorado*.

Dans les ventes en projet, les travailleurs nègres n'étaient pas compris. L'association se réservait de pouvoir les louer à leurs maîtres, sans que cette clause fût spécifiée dans le contrat.

L'alluvion aurifère du *llano* devait être exploitée par des laveurs d'étain des Cornouailles. En voyant les noirs passer la plus grande partie de la journée les jambes dans l'eau fraîche du torrent de Supia, la tête exposée à un soleil ardent, j'en conclus que jamais des Européens ne supporteraient un pareil régime. C'est ce qui arriva plus tard. En quelques jours, les laveurs cornishmen prenaient la fièvre. Plusieurs succombèrent. Il fallut revenir aux nègres.

Le groupe des mines de Marmato est aussi

important par le nombre des gisements qu'intéressant sous le rapport géologique. C'est là
que la syénite porphyrique est le plus *métal-
lisée*.

Généralement, on y exploitait de la pyrite aurifère, en filons d'une puissance variable, atteignant quelquefois plusieurs mètres et même
6 à 7 mètres dans les renflements.

La roche est assez solide pour qu'il ne soit pas
nécessaire de boiser. Les principaux gîtes ont
une direction est-ouest verticale ou peu inclinée.
Le mur et le toit des filons est le porphyre, légèrement altéré ; la gangue, une argile blanche,
onctueuse, facilement attaquable. C'est par la
pente de la montagne fortement inclinée vers
la Cauca, qu'on pénètre dans les mines, souvent superposées sur le même filon, par des galeries horizontales. Dans les renflements, les
travaux sont exécutés en échelons, en laissant
des piliers de minerai pour soutenir le toit.

Indépendamment de la pyrite aurifère, on
exploitait, à Marmato, un *paco*, oxyde de fer hydraté, riche en or.

On me signala aussi le filon de Loaysa, donnant différents sulfures : blende, galène, pyrite, bournonite, argent rouge, argent natif, vraie mine d'argent, dont les travaux étaient du reste insignifiants. Je trouvai, dans cet assemblage de minéraux, un bel arséniate de fer dont j'ai publié la description et l'analyse.

Les travaux souterrains de Marmato sont les plus étendus du district de la Vega de Supia. On ne connaît pas l'époque où ils furent commencés : il n'est pas invraisemblable que plusieurs soient antérieurs à la conquête. Il est d'ailleurs certain que les conquistadores firent travailler aux mines les *repartimientos* qui leur étaient échus ; mais là, comme dans le reste de la Nouvelle-Grenade, les indigènes succombèrent à la peine et c'est à partir de l'introduction des nègres d'Afrique que les mines furent exploitées avec une certaine activité.

Le Sitio de Marmato, car ce n'était pas même un village, consistait en une série de tristes cabanes, perchées à diverses hauteurs. Il eût été impossible de rencontrer un terrain plat suffisant pour bâtir deux ou trois habitations, tant est rapide la pente de la montagne.

Je me logeai dans la maison inhabitée du dé-
funt mari de la señora Moreno, que l'acrobate
avait séduite. Il n'y avait d'ouverture que la
porte, pas un meuble, rien, absolument rien.
Le sol était la roche porphyrique.

La nuit, dormant profondément dans mon
hamac, je fus réveillé en sursaut par la chute
d'un être qui entortilla le bras que je tenais
tendu comme l'aurait fait un serpent. J'agitai
vivement en tournant le bras compromis, de
façon à envoyer l'animal par la tangente : c'était
un énorme rat, ayant une queue des plus développées. Le nègre qui m'accompagnait m'assura que la maison en était remplie et il alluma
une chandelle qu'il posa par terre, dans une pe-
lote d'argile.

» Maintenant, disait le vieux noir, ils ne vien-
dront plus. »

J'allais m'endormir, quand je vis un rat s'approcher du luminaire, le mordre et l'emporter.
Toute la nuit je fis, sans aucun succès, la chasse
à ces dégoûtants animaux. Le matin, quand on
prit de l'eau pour faire du chocolat, on découvrit qu'un rat s'était noyé dans la cruche.
Et je roulais sur l'or!...

C'était un curieux spectacle que celui du Cerro de Marmato, avec sa population noire, comme suspendue à l'entrée de chaque excavation et occupée à la mouture et au lavage de la pyrite.

L'or extrait a une teinte pâle, parce qu'il contient une notable proportion d'argent. J'ai obtenu de très petits cristaux de cet or blanc.

En montant au-dessus de la casa Moreno, je suis arrivé à un des points les plus élevés de la Loma de Marmato, l'Alto de la Candélaria (alt., 2210 m.) environ 1500 mètres au-dessus de la Cauca, au paso de Bufú.

A l'altitude de 1757 mètres, je rencontrai l'Assequia de l'Obispo, canal fournissant amplement l'eau nécessaire et indispensable aux travailleurs, car l'eau sortant des galeries, chargée de sulfate de fer, ne peut servir qu'au lavage des minerais. La longue tranchée exécutée pour amener les eaux de la Quebrada del Obispo aux mines, permet de se former une idée nette de la relation du porphyre et du micaschiste dans les terrains aurifères. J'en représente la coupe.

Cette association de la roche porphyrique et

de la roche schistense, on la trouve partout
dans la Cordillère centrale et orientale, mais,
dans l'asequia on pouvait la constater bien mieux

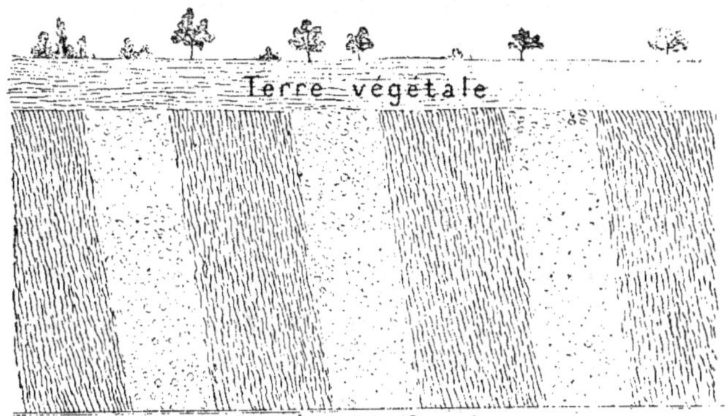

que dans la forêt où la terre végétale recouvre
le sol sous une forte épaisseur.

A la Véga, la syénite est beaucoup plus développée que le schiste. Toutefois, le micaschiste
n'est pas stérile. On y exploitait autrefois la mine
de la Candelaria

Dans une longue galerie ouverte dans la
Quebrada de la Cascabela, au bas de l'Alto de
la Boca del monte, le filon était emboîté entre
le schiste et le porphyre.

Cette coupe n'est pas suffisante pour établir

l'ordre de succession des roches; cependant il est vraisemblable que le schiste a été soulevé par le porphyre. Cela résulte surtout d'observations recueillies dans plusieurs localités de la Cordillère centrale.

La reconnaissance du terrain étant terminée, je procédai à la visite des travaux souterrains appartenant aux *registros* (concessions) de la señora Moreno. Vers le bas du Cerro, se trouvaient les mines du Salto, un peu au-dessus et plus au nord, les mines du Caudado.

J'entrai dans dix galeries superposées, attaquant un filon vertical, la *veta de Cruzada*, dont la direction et la puissance sont indiquées par la direction et la largeur des galeries, ayant environ 2 mètres de hauteur.

Nos	Nom.	Longueur.	Largeur.	Orientation.	Observation.
1.	La caparosa.	40	1	E.-O.	
2.	El principal.	233	1 à 2	»	
3.	. . . .	200	1 à 1,50	»	Incl. au N.
4.	De Abajo . .	43	»	»	
5.	. . . .	100	1 à 2	»	Puissance considérable, point d'intersection de plusieurs veines.
6.	. . . .	20	»	»	
7.	. . . .	200	»	»	
8.	. . . .	135	»	»	Incl. au S.
9.	Peu avancée.	»	»	»	
10.	. . . .	»	»	»	

Il y avait 6 galeries poussées dans la mine du Caudado.

Nᵒˢ	Longueur.	Direction.	Observation.
1.	peu étendue.	S.-O.	Incl. au Nord.
2.	50 mètres.	E.-O.	Filon vertical.
3.	60 —	»	»
4.	70 —	»	»
5.	40 —	»	»
6.	40 —	»	»

C'est en visitant les galeries que j'ai découvert la *marmatite*, combinaison de protosulfure de fer et de zinc.

Ainsi l'étendue des travaux poussés sur le gîte aurifère de Marmato a été

		Mètres.
Pour le Salto.		971
— Caudado.		260
Total. . .		1 231

Le Salto et le Caudado sont les mines achetées à la señora Moreno; mais il existe encore des gîtes minéraux, comme à Marmato.

La mine de Cumba, ayant des travaux très

développés, fournit un minerai aurifère. Elle appartenait à un couvent de Popayan, qui la faisait exploiter par des esclaves.

La mine d'argent de Sachafruto, sur la route de la Véga, qu'on a exploitée avec perte pendant plusieurs années.

La mine d'argent del Pantano, dans le Cerro de Loaysa.

Enfin, au bas de Marmato, sur les bords du Cauca, près du Paso de Bufù, une troupe d'esclaves exploitait, pour le couvent de Popayan, une alluvion aurifère.

Voici les produits en or sortis du district de la Véga de Supia pendant le quinquennio de 1805 à 1809 : c'est un document officiel émanant de la trésorerie :

Oro colorado du llano de Supia.	108 043	pesos fuertes.
Oro de Marmato.	163 979	—
	272 022	—

Ce produit n'est pas considérable ; mais il faut considérer qu'il a été obtenu par quelques quadrilles d'esclaves.

Il a été payé par la compagnie anglaise :

	Piastres.
I. A divers, pour les mines de Quiebralomo.	9 357
II. Aux héritiers de Señora Moreno :	
1. Pour les mines d'or du Salto, du Caudado, de llano..	
2. Pour les mines d'argent.	51 352
3. Pour le falun de Muela..	
Total. . .	60 709

La mission spéciale dont j'avais été chargé étant terminée, je devais me rendre dans la Province d'Antioquia.

J'allai embrasser le curé Bonafonte, que j'assurai de mon retour : je vis à Rio Sucio quelques Indiens Chami apportant des *birotes* (flèches de sarbacanes) empoisonnées pour le docteur, qui avait la manie de tuer, avec ce moyen, les poules destinées à sa cuisine.

Avant mon départ, je passai quelques jours à la Véga de Supia. J'y déterminai la déclinaison de l'aiguille aimantée. Je trouvai :

Par un relèvement de Wéga de la lyre.   E 6°40
     —   d'Acarnas. . . . .   E 6°33
Pour l'inclinaison : 27°17 (1)

1. Dans les premiers jours du mois d'octobre 1825, on aperçut une comète dans l'hémisphère austral. Sa chevelure était assez étendue et très brillante.

Je logeai chez la señora Margarita. Dans sa chambre à coucher était suspendu un tableau à l'huile représentant un miracle. On la voyait étendue dans son lit ; puis son mari, en habit à la française, à genoux, priait pour chasser le diable que l'on apercevait dans la chambre et qui était pourvu de cornes et de griffes magnifiques.

Voilà ce qui arriva : Une nuit, Margarita, alors jeune et belle, était endormie, lorsqu'elle sentit une main vigoureuse qui l'étranglait : c'était le diable. Tout en criant, se débattant, elle évoquait je ne sais quel saint ; l'esprit malin disparut ; Margarita en fut quitte pour une ecchymose. Des renseignements que j'ai pu recueillir, il résulterait que le diable, c'était l'époux qui, par intérêt ou par jalousie, avait résolu d'étrangler sa femme. Le père Bonafonte partageait cette opinion.

Antioquia, capitale de la province que j'allais explorer, est sur la rive gauche du Cauca, et à une distance, en ligne directe, de 35 lieues environ de la Néga de Supia.

Si le Cauca était navigable, l'espace serait franchi en quelques heures ; mais cette rivière

coule dans un lit tellement resserré, à partir
del paso de Velasquez, que même en radeau, il
serait imprudent de la descendre. Il n'y a que
les Indiens qui exécutent cette navigation; et
encore est-ce en se cramponnant à un tronc
d'arbre, à un bois flottant, qu'ils ne dirigent
pas et qui probablement va échouer dans des
îlots que l'on aperçoit, une fois qu'on est sorti
de l'effrayant défilé.

Seul, étant assis à la partie inférieure de
la montagne de Marmato, en un point d'où
j'apercevais la rivière dont le bruissement
m'étourdissait, je vis passer, avec la rapidité d'une flèche, une Indienne à cheval sur
un arbre, sur lequel elle se maintenait en
l'entourant de ses bras ; l'embarcation disparut sous l'eau pour reparaître ensuite : et ce
qu'il y eut de singulier, nous aperçûmes un
quart d'heure après un Indien, cramponné de
la même façon sur un arbre, sans provision
aucune.

Le riverain qui m'accompagnait me dit que
cette scène se reproduisait assez souvent, qu'on
n'avait jamais pu savoir d'où venaient et où allaient ces Indiens.

C'est le 17 octobre 1825 que je partis pour Antioquia, accompagné de Walker. J'allai coucher à l'hacienda de Muraga. Nous logeâmes dans un grand caravansérail où l'on peut attacher les hamacs.

Je m'étais endormi, malgré les mugissements de la rivière. On avait eu la précaution de laisser une chandelle allumée pour éloigner les rats.

Vers minuit, heure des apparitions, je fus réveillé par une forte secousse, et je me trouvai en présence d'une femme, court-vêtue et la tête recouverte d'une mantille jaune. C'était une jeune mulâtresse de l'hacienda qui me proposa de lui acheter de la poudre d'or. Malgré mon refus, elle m'entraîna dans un abri, en me disant :

« Don Juan, ne craignez rien ; j'ai tout visité ; il n'y a pas de serpents, » puis, posant à terre la lumière qu'elle avait apportée, elle me fit une exhibition de sa personne. C'était une belle statue. Quels muscles ! quels seins ! Tout était proportionné à la taille : 1^{m},58.

Le lendemain, à 9 heures, nous sortîmes de Muragà pour côtoyer la rive gauche par un chemin des plus accidentés.

Après avoir traversé le torrent de Arequia, coulant sur un schiste talqueux verdâtre, nous arrivâmes bientôt au *paso real* de Bufú (alt., 633 m.; temp., 28°).

Ce paso est à environ 3 lieues plus bas que celui de Velasquez, soit 16 668 mètres en adoptant la lieue marine de 20 au degré. La différence d'altitude entre Velasquez et Bufú étant de 91 mètres, on aurait, pour la pente du Cauca, $0^m,0055$ par mètre.

Après nous être rafraîchis, nous passâmes sur la rive droite du Cauca, dans un canot creusé dans un tronc d'arbre. Au paso, la rivière coule paisiblement, pour reprendre un peu plus bas une extrême rapidité.

Nous la côtoyâmes, en franchissant successivement les torrents Compana et Pacurà. Le Cauca fait de grands détours ; car, là, il prend la direction E. O. abandonnant celle N. O. qu'il suivait avant.

Nous cheminâmes paisiblement, admirant la vigoureuse végétation qui nous entourait, sans soupçonner le danger dont nous étions menacés. Il s'éleva subitement du nord un vent furieux. Un arbre, déraciné par l'ouragan, tomba à

3 mètres de ma mule ; mes compagnons me crurent perdu ; heureusement je sortis sain et sauf hors des branchages. Le vent continuait à souffler avec une intensité incroyable en bouleversant la forêt ; il n'y avait aucun moyen de se soustraire à son action ; mais, par bonheur, ayant pris la côte du Gaïtal, nous arrivâmes assez promptement à une élévation où la végétation ne présentait plus que des arbrisseaux. Nous étions sur l'Alto (alt., 1519 m. ; temp. , 21°, 5) et, à 6 heures, nous mettions pied à terre à Armà chez un excellent curé, qui eut la perfidie de nous donner un bal où figuraient les beautés du village. Après un bon souper, je dormis pendant les fandangos ; on dansa jusqu'au lever du soleil.

En sortant de Armà, on descend un rio allant au Cauca, en suivant la direction N. O. (alt., 658 m. ; temp., 27°,7.)

Sortis du Rio Armà, nous montâmes au village d'Abéjoral, en passant par l'Alto del Pantanillo (alt., 2171 m. ; temp., 20°) par el Cerro Pelado (alt., 1514 m. ; temp., 22°).

Abéjoral possède une assez forte population (alt., 2198 m. ; temp. 14°,5). Nous y couchâmes

chez un vieillard d'une gaieté surprenante ; toutefois nous échappâmes au bal. La nuit, on vit
la comète ; elle avait perdu de son éclat.

Pour me rendre d'Abéjoral au rio Negro, où
je devais séjourner, je passai le rio del Buey
(alt., 2195 m. ; temp., 18°) d'où l'on domine l'esplanade où la ville est bâtie.

A l'Alto Peladero, nous ne marchions plus
sur les roches schisteuses, le terrain était recou-
vert d'une argile rouge que la pluie rendait tellement glissante, que nos chevaux tombèrent
plusieurs fois. La route eût été impraticable
pour des cavaliers moins habitués que nous ne
l'étions aux difficultés que présente la marche
dans les Cordillères par un temps pluvieux :
néanmoins, du hameau de la Bomitú, où nous
avions été forcés de passer la nuit, nous mîmes
sept heures pour franchir la courte distance
qui nous séparait du rio Negro.

Don Sinforozo Garcia, riche négociant auquel
j'étais recommandé, mit à ma disposition une
charmante maison.

Je trouvai à Rio Negro, dans une population
de 12 000 habitants, les ressources dont j'avais

été privé pendant un séjour de trois mois, dans le district de la Véga ; Il y avait des vitres aux fenêtres ; je couchais dans un vrai lit ; sur ma table étaient étalés des journaux français, anglais. Chaque jour on servait trois bons repas ; du vin de Bordeaux, des vins d'Espagne.

Les dames que nous aperçûmes, marchant nonchalamment dans les rues, portaient des toilettes recherchées.

Mon brosseur, un Indien de Bogota, vétéran, par suite d'une balle qui lui avait brisé la main, jugea qu'il fallait se mettre en tenue ; il nettoya, avec la *patience*, les boutons de mon uniforme ; fourbit mon *aiguille*, dont l'humidité avait compromis le poli ; enfin la moisissure des bottes à l'écuyère fut enlevée. C'est ainsi bichonné que, le lendemain de mon arrivée, je fis mes visites aux autorités et aux personnages importants de l'endroit.

Une fois débarrassé des devoirs imposés par l'étiquette, j'installai mes instruments.

Rio Negro est, d'après une hauteur méridienne du soleil, par 6°13', à 1°16', à l'ouest du méridien de Bogotà. L'altitude est de 2 125 mètres sur la plaza mayor ; la tempéra-

ture moyenne : 17° pendant la saison pluvieuse
Inclinaison de l'aiguille aimantée 28°12'.

La ville est à l'extrémité d'un plateau étendu,
formé d'un granit assez singulier, à petits
grains, passant probablement à la syénite ; cependant je n'ai pu constater ce passage. Ce granit est un mélange de lamelles de mica noir
brillant ; de fragments de quartz, de cristaux de
feldspath blanc vitreux et d'amphibole d'un vert
foncé. La roche prend quelquefois une teinte
rosée, mais ce qu'elle offre de particulier, c'est
sa désagrégation facile, on pourrait dire instantanée, par l'action des acides.

Si l'on plonge un morceau de ce granit dans
l'acide nitrique, il se réduit en sable formé de
tous les éléments constitutifs, sans qu'on remarque un dégagement de gaz, comme cela a
lieu avec toutes les syénites porphyriques que
j'ai été à même d'examiner. Des fissures horizontales séparées l'une de l'autre par distance
de 0^m,7 donnent une apparence de stratifica-
tion aux couches dirigées E. O. et inclinées au
N. de 50°. Je note mon impression, quoique
rien ne soit moins certain que cette stratifi-
cation.

On emploie ce granit syénite au pavage. On l'emploie par le feu, c'est-à-dire qu'on allume un feu de bois pour chauffer la roche, on jette ensuite de l'eau pour la fendiller, afin de pouvoir l'attaquer à la vara.

Je dus quitter les délices de Rio Negro pour inspecter le nord de la province. Quelques accès de la fièvre dont j'avais été atteint ayant disparu, je me dirigeai par Ambigado, sur Titiribi. Je gravis l'Alto de San Ignacio (alt., 2730 m.), d'où je redescendis dans la vallée de Medellin ; mais je ne m'arrêtai pas dans cette jolie ville. Je pris gîte à Ambigado (alt., 1568 m. ; temp., 16°) chez le curé, où je dus nécessairement assister à un bal, car on était en fête.

En sortant du village, je retrouvai le granit en grains plus gros qu'à Rio Negro. Plus haut, on voyait le micaschiste. Au milieu du jour, j'arrivai à Amagá, toujours chez le curé (alt., 1423 m. ; temp., 23°). Le presbytère était plein des pénitents les plus grotesques.

Près du village, dans un torrent qui roule sur un sédiment analogue à celui de la Véga, il y a des bancs de lignite. On m'y remit un gros morceau de résine Copal, ressemblant au succin qui avait été rencontré dans cette localité.

L'idée que je me suis formé de la succession des terrains, depuis Amagá, est la suivante :

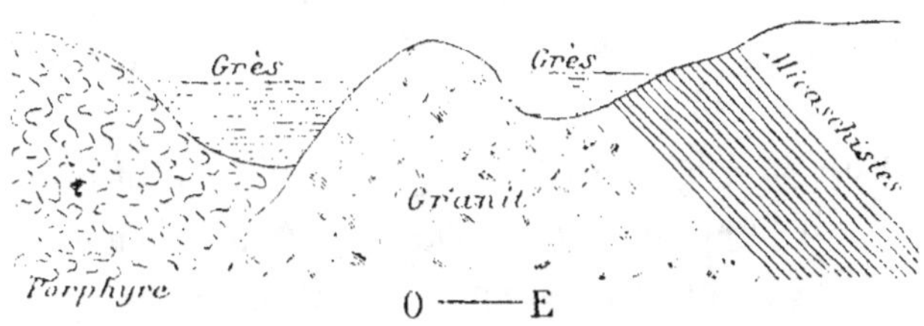

J'arrivai fort tard dans la nuit à Titiribi, où m'attendait le capitaine Walker que j'avais envoyé de Rio Negro, avec les bagages.

Titiribi est un petit village, où vivent des mineurs, 3 à 400 habitants au plus. M. Simforozo Garcia y avait mis à ma disposition une casa de tejo (maison couverte en tuiles) et, de plus, il avait assuré un service pour ma subsistance.

Quelques meubles apportés de Rio Negro rendaient la résidence convenable. Je me couchai très fatigué, après avoir donné quelques ordres pour le lendemain.

Dans la matinée, je fus réveillé par un bruit inaccoutumé : j'entendais Walker pérorer au dehors; il prononçait mon nom en criant :

« Entrez, citoyennes et citoyens, vous le verrez; c'est la première fois qu'un Français de Paris a pénétré dans ces régions; entrez, entrez, avec votre offrande. »

Puis la porte s'ouvrit et je vis affluer le public. Des dames vinrent s'asseoir familièrement sur ma couchette; tous apportaient des fruits, des fleurs; c'était le prix d'entrée. Walker avait décidé qu'il ferait une exhibition de mon individu. La charge était bonne, et il n'y avait pas moyen de se fâcher. Le résultat fut, pour le ménage. une abondance d'ananas, de mangos, de chirimoyas, d'oignons, d'ail, de yucca, de biscuit de maïs.

Titiribi est à l'altitude moyenne de 1 596 mètres. La température moyenne est d'environ 23°. Par une hauteur méridienne de Fomahault, j'ai eu pour sa latitude N. La longitude O., à compter du méridien de Bogota, serait, d'après Restrepo : 1°36'.

Les excursions sur les mines présentaient
beaucoup d'intérêt.

Les travaux du Cerro de la Candela sont à
une demi-lieue à l'ouest du village. C'est un
amas considérable de blocs détachés de syénite
porphyrique plus ou moins altérée, et sillonnés
par de minces veines d'argile et d'oxyde de fer
hydraté (paco), dont on extrait des quantités
notables d'or, en les lavant, après les avoir
broyées.

On ne saurait considérer les mines de la Candela comme une alluvion. C'est un amas de
blocs qu'on exploite de même que si la roche
était restée en place. Ces fragments isolés cou-
vrent un espace très étendu ; quelquefois ces
sortes de mines ambulantes sont d'une richesse
exceptionnelle. On me montra un vieux nègre,
occupé à fendre du bois, qui, en fort peu de
temps, en exploitant un bloc de roche, avait
retiré pour 4000 piastres d'or qu'il gaspilla en
fêtes d'église.

En 1819, la surface de la montagne de la Candela glissa très lentement vers l'est. Chaque
jour elle descendait un peu. On me signala un

arbre planté dans ce sol mobile qui avait ainsi parcouru une distance de 80 mètres. Ce glissement dura trois mois, pendant la saison des pluies. La sécheresse rendit la stabitité ou plutôt le terrain avait rencontré un obstacle qui avait arrêté son déplacement.

La mine del Zancudo est à une lieue au nord de Titiribi, et beaucoup plus bas. J'y trouvai des mineurs occupés, à l'aide d'une chute d'eau, à faire descendre des blocs afin de mettre à nu un schiste amphibolique presque vertical, encaissant un filon ou dépôt d'argile paraissant stratifié, formé d'argile jaune (azufre) veinée d'oxyde de fer.

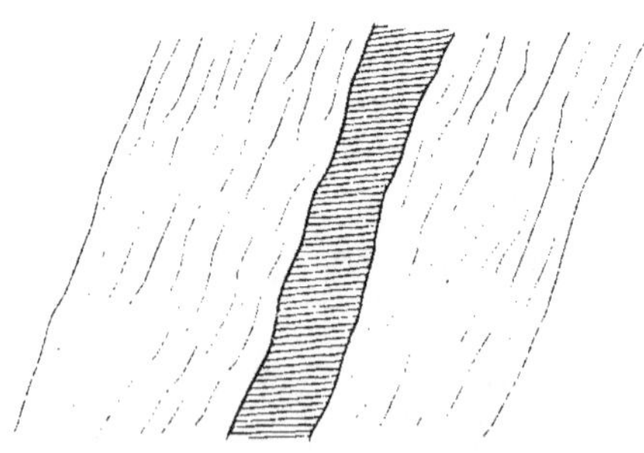

Les *pacos*, que je fis broyer et laver sous mes

yeux rendirent une quantité d'or satisfaisante. Dans le schiste, j'aperçus plusieurs affleurements d'un minerai gris métallique, probablement de l'argent antimonié.

Du Zancudo, après avoir monté pendant près d'une heure, nous étions à la Otra mina, sur une alluvion de cailloux, de quartz et d'argile rougeâtre, reposant sur le schiste amphibolique en décomposition, ayant alors l'aspect et la composition d'une argile verte. On y retrouve les mêmes gisements d'argile jaune et de pacos du bas de la montagne.

Il y avait plusieurs galeries assez profondes : je me glissai dans l'une d'elles, la plus étendue, et je reconnus ce fait curieux que, dans ces travaux, je ne dirai pas on marche, mais plutôt on rampe, à la manière d'un serpent sur la roche décomposée, ayant constamment l'alluvion pour toit.

Les galeries sont dirigées sur une mince couche d'argile aurifère, fort riche, étendue à la surface de la roche en place.

Tout près de Titiribi, en ces parages de la

Otra mina, abondent des veines de *paco*, ayant une direction générale E.-O. enchâssées dans la roche altérée. Ce paco est remplacé par de la pyrite, de la blende, là où la roche est inaltérée : une syénite porphyrique parfaitement caractérisée. Le quartz est fort commun dans quelques filons.

J'avais employé six journées à l'examen des gisements aurifères.

De Titiribi, je descendis à Cauca en trois heures au pas de mule. Nous devions nous embarquer sur cette rivière pour Antioquia.

Don Symphoroso Garcia avait fait construire en guaduas (bambusa) un grand radeau. C'était une résolution hardie. A midi, nous étions à la boca du torrent de Amagá dont je trouvai l'altitude de 588 mètres, température 31°,5.

Le cours de la rivière avait une rapidité effrayante ; le Sitio était d'un pittoresque sombre. Une masse énorme d'eau s'écoulant par une gorge de 100 mètres environ de largeur ; pas de plage pour aborder en cas de naufrage, un rugissement continuel obligeant à se parler à l'oreille.

Le fleuve est furieux, disait Walker, quittons

nos chaussures et mettons-nous en caleçon de
bain ; ce sera prudent.

A 2 heures, nous montâmes à bord, nous nous
assîmes sur nos selles, les pieds dans l'eau.
Aussitôt qu'on eut coupé l'amarre, le radeau
partit comme une flèche. La situation était nouvelle, vraiment délicieuse ; notre *ballero* prenait le remous pour ralentir la descente. Nous
passâmes heureusement les deux écueils à
redouter dans cette navigation échevelée. Nous
n'aperçûmes même pas les bancs de Mocqua et
la Cara de perro, sans doute à cause de la hauteur des eaux. A 5 heures, nous étions sortis de
la gorge étroite. Le courant devenant moins
rapide, nous vîmes à gauche le village de Anzá.
A 6 heures, nous nous faisions échouer à l'hacienda de Abejuco, où nous fûmes bien accueillis
par la propriétaire, la señora Juliana, qui exploitait la mine d'or de Giuná.

Le lendemain, nous remontâmes sur le radeau
à 8 heures. Décidément, la rivière devenait plus
paisible. Deux fois nous rencontrâmes des îles
de galets que nous traversâmes à pied, en ayant
de l'eau à mi-jambe, pendant que l'embarcation
les côtoyait.

L'ardeur du soleil est ce qui nous faisait le plus souffrir; il fallait fréquemment mouiller nos chapeaux pour amoindrir l'effet de l'insolation.

La vallée s'élargissait de plus en plus. A 3 heures, nous atterrissions au Paso real de Antioquia; le baromètre indiquait une altitude de 538 mètres avec une température de 29°,7.

Nous avions navigué pendant huit heures. Je n'ai pas de notion sur la distance parcourue. Je vois seulement, en comparant les altitudes jusqu'au Paso de Antioquia, que la chute du Cauca est de 128 mètres.

Au-dessous du Paso real, la rivière cesse bientôt d'être navigable, même pour des radeaux.

Près le rio Espiritù Santo, quelques lieues en aval du Paso real, sont les cataractes de Juan Garcia et, plus loin, l'épouvantable gorge de Orobajo, où la longueur du Cauca est réduite à 15 ou 20 mètres.

Après nous être reposés, à l'ombre d'un gigantesque *ceibon*, où je fis l'observation barométrique, à 3 mètres au-dessus de la rivière, nous allâmes à pied dans la capitale de la province.

Antioquia est un séjour monotone ; il n'y a aucune animation ; car, dans la semaine, nombre d'habitants vivent dans leurs *haciendas*.

Je ne fis pas d'autre connaissance que celle del señor Eugenio Martinez, auquel j'étais recommandé ; un pauvre homme au teint jaune, miné par une maladie de foie, ayant à côté de lui, comme contraste, une grosse et belle femme, la santé personnifiée.

Après quelques jours de repos, je commençai l'exploration des mines signalées dans mes instructions.

Je commençai par Buritica, petit village de 1 200 âmes, à 4 lieues au Nord. J'arrivai quand on y fêtait San Antonio, un saint en grande vénération installé dans l'église. Sa corpulence lui infligea une grande déconvenue.

Il était difficilement transportable. Par suite, on imagina de faire un saint de petite dimension ; un saint portatif, une réduction du premier pouvant être porté dans les chemins les moins praticables, pour se rendre là, où les mineurs réclamaient son intercession.

Or, il arriva bientôt qu'on ne fit plus aucun

cas du gros lourdaud, il fut tout à fait démodé. Les Indiens surtout ne voulurent point en entendre parler disant que *el santo chiquito* en savait bien plus que *el santon* (le gros).

A l'ouest de Buritica, à l'Alto de San Antonio, j'entrai dans une galerie poussée sur un filon vertical, encaissé dans une roche que je n'avais pas encore rencontrée, une sorte de jaspe d'un beau gris, assez dur pour faire feu sous le briquet.

Cette roche, en relation avec la syénite porphyrique et le schiste amphibolique, domine dans la localité. Je la retrouvai dans les travaux de la mine del Soliman placée au-dessus de San Antonio. On y avait attaqué un filon ou plutôt une veine de 1 à 2 centimètres d'épaisseur, formée de carbonate de magnésie, et de carbonate de chaux blanc cristallin dans lesquels on distinguait, à l'œil nu, de la pyrite et de l'or. Cette veine doit être fort riche, à en juger par ce fait qu'alors que j'entaillais un échantillon destiné à ma collection, nos guides se disputaient les fragments détachés par le marteau.

Dans la mine de Morrogacho, je vis encore le jaspe et le schiste amphibolique que j'ai suivi jusqu'à Cañas Gordas, hameau de 300 âmes (alt., 1 420 m. ; temp., 16°), d'où je gravis l'alto de Toyo (alt. 2550 m.), point remarquable, parce qu'il appartient à la ligne de faîte de la Cordillère occidentale, là où a lieu la séparation des eaux allant au Cauca et par conséquent à la Magdalena, de celles qui se rendent à l'Atrato par le Rio Sucio.

Les nombreux travaux de Buriticá et des environs sont dans les roches que j'ai décrites et qui diffèrent sensiblement de la syénite porphyrique. On y exploite, par des galeries peu développées, aussi à ciel ouvert, une multitude de veines d'argile jaune renfermant des sulfures métalliques, des *pacos* et de l'or que l'on trouve bien disséminé, mais qu'il faut reconnaître. Aussi tous les torrents en charrient. Après les temps de pluie, on voit partout les femmes occupées à laver les sables. J'ai fait cette remarque que là où les ruisseaux entraînent de l'or, on n'implore la charité de personne : le pauvre demande l'aumône à la rivière.

D'Antioquia, après avoir traversé la rivière au Paso real, je me rendis en trois journées à Médellin, par Sopatran et San Géronimo, villages assez peuplés.

De San Géronimo (alt., 653 m.), je montai à l'Alto de Boqueron (alt. 2556 m.). Sur ma route, je vis le dépôt arénacé avec gîtes de lignite et eaux salées. J'arrivai après avoir enduré une pénible insolation en descendant. Ne m'étant pas fait annoncer, j'eus quelque difficulté à me loger ; enfin je trouvai un rez-de-chaussée convenable. La nuit, malgré ma fatigue, je pris une hauteur méridienne d'Acharna, j'eus pour latitude nord, 6°14′52″ ; longitude à l'ouest de Bogota, 1°26′. C'était le 3 décembre, la comète brillait d'un grand éclat.

Médellin est une ville charmante située près d'une rivière sillonnant une plaine bien cultivée. Son altitude est de 1547 mètres. Durant mon séjour, la température moyenne a été 22°4 ; l'hygromètre s'y est généralement maintenu entre 70 et 80° ; une seule fois je le vis marquer une sécheresse exceptionnelle, 30°.

La population atteignait alors 14800 âmes ; son commerce est important ; on y voit partout une animation qu'on ne remarque pas dans la capitale de la province. Mes relations avec les principaux habitants furent bientôt établies. Juste vis-à-vis de la maison que j'occupais nous avions de bonnes voisines : la famille Velez. Après les excursions, après les travaux, nous y passions nos soirées. On prenait le chocolat et on fumait presque sans interruption jusqu'à 11 heures ou minuit. Quand la fumée cessait, nous lisions à haute voix les comédies de Moratin. J'eus un grand succès dans un rôle de soldat, le brosseur d'un officier que Walker représentait très bien : c'était, si je ne me trompe, dans la pièce intitulée : *El si de las minas*.

La maman Velez, très gaie, malgré son âge, avait pour nous mille prévenances. Sa fille aînée Rosita, la plus mignonne créature que j'aie jamais rencontrée, avait été abandonnée par son mari, un Russe. Sa sœur Éléonore avait captivé sérieusement le capitaine Walker. Les trois señoras fumaient avec une grâce inimitable.

Je commençai mes explorations par la saline de Guaca.

En prévision d'usine d'amalgamation à créer, pour le traitement des minerais d'argent, il y avait lieu de se préoccuper des moyens de se procurer le sel marin.

Le Sitio de Guaca est à 5 à 6 lieues au sud de Médellin ; on passe l'Alto de las Cruzes en étant toujours sur la syénite porphyrique. La source salée sort du grès, sorte de poudingue dans lequel on connaît quelques minces couches de lignite. Elle est captée dans un puits de 2 varas de profondeur et de 2 varas 1/2 de diamètre, et dont la capacité est de 4460 litres. Ce puits est rempli en 7 heures. L'eau est évaporée dans des chaudières en cuivre; on pousse l'évaporation presque à siccité. Le sel est mis ensuite à égoutter dans des cônes renversés en terre cuite, pour le *purger*, c'est-à-dire pour en laisser sortir une eau mère très recherchée pour guérir les goitres ; on la débite sous le nom de *aceite de sal* (huile de sel) à cause de sa viscosité. C'est à l'iode que ce produit contient qu'il doit son efficacité.

Le conglomérat a si peu d'épaisseur à Guaca, qu'on devait supposer que l'eau salée ne fait que le traverser. En effet, en s'élevant au-dessus de la gorge resserrée où se trouve la saline, on voit la superposition du dépôt arénacé, sur la syénite porphyrique. C'est dans cette roche qu'on capte l'eau salée, à la saline de Matatano.

Au reste, Antioquia présente de nombreuses salines analogues à celles de Guaca. Dans un mémoire adressé en 1830 au ministre de la Guerre, je constatai alors ce fait bien inattendu et en contradiction avec les idées reçues en géologie, que le sel consommé dans la province provenait de sources salées sortant de roches cristallines, du granit, du gneiss, du micaschite, de la syénite, des grünstein porphyriques et, de même que je l'ai reconnu plus tard, du trachyte, de la dolérite.

Ces singulières salines sont utiles, non seulement par le sel qu'elles produisent, mais aussi par les propriétés antigoitreuses qu'il possède, propriétés d'autant plus précieuses, que, dans toute la chaîne des Andes, l'homme est généralement atteint de goitre, dont la conséquence immédiate est, quoi qu'on en ait dit, le crétinisme. Or, dans les localités où l'on fait usage du sel provenant des roches cristallines, cette hideuse difformité est inconnue. Il y a plus, les

individus goitreux perdent leur goitre en sé-
journant pendant quelques mois dans la province d'Antioquia où l'on ne consomme que le
sel iodifère.

L'analyse m'a donné, pour la constitution des
eaux mères de la saline de Guaca, les chiffres
suivants, rapportés à 100 grammes :

Chlorure de sodium	19,9564
— de magnésium	1,9360
Chlorhydrate d'ammoniaque	0,0787
Bromure de magnésium	0,3556
Iodure —	0,0100
Sulfate de potasse	7,5324
— de chaux	0,2966
— de soude	0,0257
Magnésie en excès	0,3000
Lithine	Traces.
	30,4914

Dans le travail que j'ai publié sur les salines
iodifères des Andes, j'ai fait remarquer l'ana-
logie de l'eau mère de Guaca avec l'eau de la
Mer Morte ou lac Asphaltite.

De Médellin, je me rendis aux gisements aurifères de Santa Rosa de Osos, en suivant le

cours de la rivière jusqu'à la Cuesta de Niquia. Je fus frappé pendant la route de l'abondance des roches ferrugineuses que je n'ai pas vues en place, mais en conglomérats très volumineux, formant en quelque sorte le fond du bassin où est placée la ville. Beaucoup de roches ont tous les caractères du fer chromé. On en construit les parties basses et les angles des maisons. La propriété que j'habitais avait un portail orné de colonnes faites avec le minerai chromifère. Toutefois, ces matériaux en fer chromé sont surtout placés là où il est nécessaire d'avoir une grande résistance, et la pierre à bâtir ordinaire est un schiste talqueux facile à tailler.

Près du village de San Pedro (alt., 2288 m.), où je passai la nuit, on exploitait, dans la syénite altérée, des filons de quartz renfermant du *paco* et des paillettes d'or.

Dans la maison où je couchai, on me montra deux jumelles d'une ressemblance parfaite. Impossible de distinguer l'une de l'autre. Les jumeaux ne sont pas rares dans la province d'Antioquia. Une femme venait d'en mettre trois au monde. La fécondité est grande dans ce pays. On voit fréquemment dix à douze enfants dans une famille. El señor José Antonio Gabiria en possédait vingt-trois vivants. Je me demandais pourquoi ce monsieur était si fier de sa progéniture. Cette fécondité est attribuée à l'usage du maïs et des haricots dans l'alimentation.

L'habitant d'Antioquia est désigné sous le nom de *maïsero*. Les maïseras sont jolies : elles ont la réputation d'épouses vertueuses et d'excellentes mères. Les mères sont bonnes partout. Quant à la vertu, je ne veux pas me prononcer.

Avant d'entrer à Santa Rosa, j'aperçus, près d'un ruisseau, un cône formé d'une roche qui n'avait pas éprouvé la profonde altération que présente le terrain environnant.

Dans la ville on compte 3 000 habitants. La hauteur au-dessus de l'Océan est à peu près celle de San Pedro : 2 621 mètres ; température, 14 à 15° ; latitude nord, 6° 26' ; longitude ouest de Bogota, 1° 16'.

L'altitude est la même que dans cette dernière ville. Cependant on affirme qu'il fait bien plus froid à Santa Rosa ; sans doute parce qu'elle se trouve sur un plateau isolé, sans abri. N'étant pas dominée par des montagnes, l'horizon y est très étendu. Aussi la radiation y est assez forte pour que de petites flaques d'eau gèlent pendant la nuit. Au lever du soleil, par un temps calme, on est quelquefois enveloppé d'un nuage congelé, une chute d'*escarchas*, ainsi que disent les habitants.

De toutes parts, à Santa Rosa, les travaux des mineurs ont occasionné de profonds et dangereux escarpements. La roche dominante est celle que l'on observe depuis San Pedro. Une syénite en place, dont le feldspath est transformé en kaolin. L'amphibole a subi un semblable changement : c'est un kaolin amphibolique.

C'est à une modification dans la constitution de la syénite qu'est due l'extension des travaux. La roche modifiée ayant perdu sa cohésion est aisément attaquée par l'eau et le fer. On met ainsi à découvert un réseau ou des veines de pyrites et de *pacos* qu'on livre au lavage quand on les a dirigés dans un canal.

C'est exactement le gisement des veines aurifères de Titiribi.

L'or obtenu du lavage final à la *batea* est mêlé de fer titané, de rubis, de fer oligiste, de galène. Dans de l'or en poudre retiré devant moi, on me montra quelques grains de platine. Pour la première fois on constatait un gisement de ce métal *vagabond* que jusqu'alors on n'avait trouvé que dans les sables d'alluvion.

L'or sortant des filons enclavés dans la roche altérée mais en place de Santa Rosa ne renferme le platine qu'en infime proportion, suffisante cependant pour que les lingots fondus à la *casa de fundicion* en donnassent aux essais faits par l'administration des monnaies.

Le platine mêlé à l'or de Santa Rosa est en minces lamelles émoussées sur les bords, telles qu'on les ramasse dans les sables du Choco, ce qui tendrait à faire supposer qu'elles ont été roulées, charriées. On pourrait en dire autant de la poudre d'or fournie par les filons. Il est rare que les grains soient en cristaux. Généralement, ils ne diffèrent en rien, par leur aspect, de l'or venant des alluvions. Il n'est pas invraisemblable de supposer que les filons ont été remplis par le haut de matières ayant été préalablement charriées, roulées, ce qui expliquerait la structure particulière des grains, lamelles des métaux précieux qu'ils fournissent. N'oublions pas néanmoins que l'or en grains paraissant usés à la surface est accompagné d'or en cristaux qui, certes, n'ont pas été soumis à une action mécanique.

Les mines des environs sont exactement dans les mêmes conditions géologiques que celles de Santa Rosa.

J'en ai visité deux assez productives : la Trinidad et Guaramayo.

On a, en général, trois assises (Voir fig. page 124).

Le lignite du sable quartzeux est noir luisant. Quelquefois il a l'apparence de la résine Copal. Je m'en suis procuré un fragment pesant 1 kilogramme ; je lui ai trouvé la composition du succin. Dans l'opinion des mineurs, le lignite proviendrait du bois de chêne (*encina*). Cela est d'autant plus vraisemblable qu'on y trouve des glands carbonisés.

Dans l'église de la Trinidad on me montra un San Antonio plus puissant que tous les autres de même nom ; un vrai magot en bois.

On le loue 4 à 5 piastres par semaine aux mineurs ayant besoin de son intercession pour

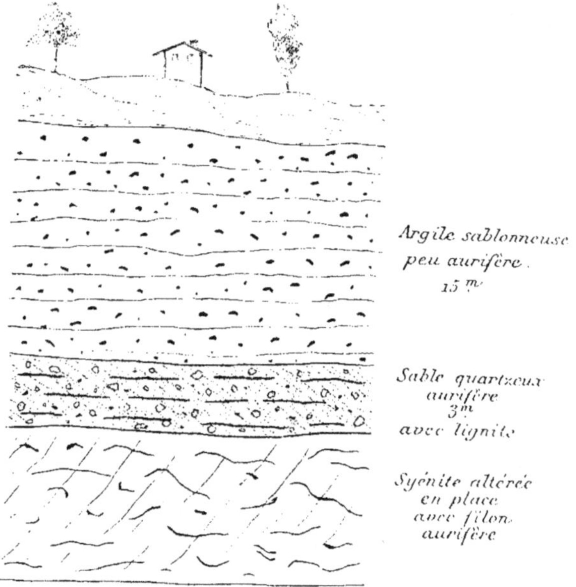

obtenir la pluie, sans laquelle le travail chôme
dans les mines.

J'étais logé chez une dame âgée qu'un violent
chagrin avait rendue pauvre d'esprit. Cette
douce créature m'avait accueilli avec une vive
satisfaction. Sa maison, simplement meublée,
était d'une propreté irréprochable : un lit somp-

tueux auquel il ne manquait que des matelas,
mais qui, en revanche, était abrité par de magnifiques rideaux; un crucifix d'ivoire d'un travail exquis ornait mon chevet.

Cette chère dame assistait debout à mes repas.
Elle me disait, toujours dans les mêmes termes :
« Mon fils a votre âge; il est dans l'armée du
Pérou; depuis trois ans il ne m'a pas écrit, sans
doute parce qu'il doit arriver incessamment. Je
l'attends tous les jours et tous les jours je prie
Dieu de hâter son retour. J'ai une jolie chapelle
où je fais mes prières; Don Juan, vous êtes
catholique, il faut qu'une fois vous veniez prier
avec moi. »

Je n'eus garde de refuser. L'oratoire se trouvait dans une pièce retirée. La señora m'y fit
mettre à genoux. Chère femme, avec quelle
ardeur elle priait! Malgré le recueillement que
les convenances m'imposaient, j'eus bien de la
peine à ne pas rire, lorsque j'aperçus sur l'autel, à la place d'honneur, un grotesque casse-
noisettes de Nuremberg, représentant un uhlan,
avec une veste jaune, un bonnet à poils, une
longue queue fonctionnant comme un levier.
Cette pièce me rappelant l'Alsace, avait proba-

blement été apportée dans la Nouvelle-Grenade par des mineurs allemands.

Lorsque je me séparai de mon hôtesse, elle me glissa dans la main deux onces d'or : « C'est pour mon fils, dit-elle ; je sais que vous irez au Sud ; vous ne pouvez manquer de le rencontrer. » Je refusai de prendre l'or, en lui promettant de remettre la même somme à ce fils qu'elle attendait et qu'elle ne devait plus revoir. Plus tard, j'appris qu'il avait été tué en Bolivie.

Étant retourné à Médellin, je fis quelques courses dans les environs pour compléter mes observations. Je reconnus, près de Rio Negro, un puits salin dans un schiste talqueux, un autre dans la syénite.

Près del Guazzo, où le capitaine Walker était installé chez le curé, il y a quelques exploitations productives.

La mine del Revenidero, au lieu dit Al Chuscal, située au-dessus du village, est dans une syénite porphyrique altérée. On y suivait un filon dans lequel abondait le quartz, offrant cette particularité qu'en le brisant on y trouvait quelquefois des cavités remplies de nombreux petits cristaux de quartz hyalin isolés et d'une cristallisation très nette. Les deux extrémités du prisme étaient terminées par des pyramides hexagonales. Ces sortes de géodes sont souvent remplies de soufre cristallisé.

Un peu plus bas, dans la mine del Pantalio, on voit du cinabre, en proportion assez forte dans les résidus de lavage pour que j'aie pu m'en procurer environ un kilogramme.

Ma mission spéciale terminée, je fis mes préparatifs de départ.

La partie intérieure de la vallée du Cauca est riche en mines d'or dont l'étude n'entrait pas dans mes instructions ; le climat est si malsain dans cette contrée qu'on ne devait pas songer à y former des établissements pour les Européens.

Ces lavages du Zinzi, du Nechi, les mines de Remedios, de Cazares sont sans aucun doute d'une richesse exceptionnelle, si l'on en juge par les belles et pesantes pépites venant de ces localités, lesquelles ont été l'attraction des conquérants de la Nouvelle-Grenade.

Les Indiens exploitaient ces gisements bien avant l'arrivée des Espagnols. Ce fut en violant les sépultures des indigènes qu'on se procura les quantités considérables d'or qui y étaient accumulées, sous forme d'objets travaillés avec art. Pendant longtemps, les Européens se bornèrent à fouiller les tombeaux ou *guacas;* on les fouille encore aujourd'hui, et mon ami, l'original docteur Jervis, quand il eut quitté le service de la Colombian Mining Association, devint un *guaquero* entreprenant. Je reçus de lui, à Paris, pour une exposition universelle, dans un panier à salade non fermé, pour une trentaine de mille francs d'objets d'art venant des *guacas* qu'il avait ouverts et des pépites, dont quelques-unes pesaient plus d'un kilogramme.

Étant à Médellin, j'eus la singulière visite d'un Français, nommé Bousseau, né à Bordeaux, ancien boulanger dans la Garde impériale. Depuis quelques années, il vivait près de Remedios, où il extrayait de l'or.

— Quels sont vos moyens d'exploitation, lui demandai-je?

— Des plus simples, répondit le vieux militaire : j'ai une douzaine d'Indiennes occupées à broyer et à laver le minerai; je les paie avec des objets achetés à Cartagène.

— Et les Indiens, qu'en faites-vous?

— Je n'en ai pas. Ce sont des paresseux. Mes Indiennes n'ont d'autre homme que moi.

— Tant pis pour elles, vieux grigou!

Et je mis à la porte mon compatriote.

Je sortis de Rio Negro accompagné d'une forte cavalcade qui devait me faire la conduite jusqu'à Marinilla, d'où je devais gagner le rio Nare, le descendre et gagner le rio Magdalena.

Marinilla, à une heure de marche nord-est de de Rio Negro, est une localité où l'on compte 5000 habitants (alt., 518 m.). C'est là qu'on entrepose les marchandises venant ou allant à la Magdalena, et dont le transport, depuis ou jusqu'à Nare, a lieu à dos d'homme.

J'allai coucher à la Ceja, en passant par el Peñol, sur la rive droite du Rio Negro (alt., 1923 m.). Ce petit endroit tire son nom d'une sorte de pyramide en syénite.

La Ceja est à l'altitude de 1935 mètres. C'est là que commence *el monte* (la forêt) dans laquelle on s'engage pour aller à Canoas. C'est un misérable hameau habité surtout par des *car-gueros* dont la profession est de porter sur leur dos les marchandises, et les personnes qui ne sont pas capables de voyager à pied. Il s'y trouve à peine 800 âmes, et ce ne fut pas sans surprise que j'y trouvai un billard sur lequel jouaient des *cargueros* dont les épaules étaient encore meurtries par les charges qu'elles avaient supportées.

Je me décidai à traverser la forêt, monté sur une mule.

De la Ceja, pour monter à Canoas, on franchit l'Alto del Paramo (alt., 2311 m.). De cette station on découvre le Rio Grande de la Magdalena. La route ne se fait pas d un trait; on couche en forêt, sous de tristes abris.

A Las Falditas (alt., 1446 m.), nous fûmes dévorés par une vermine nommée *naïbi*, cause d'intolérables démangeaisons.

On passe à gué la rivière del Azenal, puis l'Alto de Piedras blancas (alt. 1593 m.) d'où l'on domine une étroite vallée, où se trouvent des lavages d'or nommés *mata Sano* (tue-blancs), endroit si insalubre qu'il suffit d'y rester quelques heures pour être atteint des fièvres pernicieuses.

Aussi les *lavaderos*, malgré leur richesse, sont-ils abandonnés. Les points les plus saillants qu'il fallut encore gravir sont : l'Alto de Totumo (alt., 1556 m.), l'Alto de Aguado (alt., 1277 m.) où l'on nous montra la Teta de la Vieja, ayant sa légende : une vieille dame aurait vécu des années au pied du pic syénitique de la Teta, où elle aurait ramassé beaucoup d'or.

En descendant vers Canoas, la chaleur devint très forte; on n'était plus aussi abrité par la végétation. Canoas est à l'altitude de 850 m. ; lat. N., 6°15'; longit. à l'O. de Bogota, 0°48'.

On est tout près de Bodega établie à la jonction des rios Nare et Samano, entrepôt des marchandises destinées à la province d'Antioquia. L'altitude, à la jonction des deux rivières n'est plus que de 215 m. ; temp., 27°,5. Nous y fûmes mangés par les punaises.

Depuis Marinilla nous avions toujours marché sur les roches syénitiques altérées.

Nous descendîmes le rio Nare, dans un *bongo*, où nous fûmes entassés comme des ballots de marchandises, où, condamnés à une immobilité absolue, nous eûmes à supporter une température de 30 à 32°.

La rivière coule dans une gorge étroite, une fissure ; les bords escarpés sont garnis d'une splendide végétation ; on a deux écueils à redouter : la Angostura et los Remolinos. En approchant du rio Magdalena, le lit de la rivière s'élargit ; nous étions littéralement *cuits* lorsque nous atterrîmes au triste village de Nare, habité par des muletiers et des zambos.

Depuis la Bodega, on voit un calcaire grenu gris-bleuâtre, en couches à peu près verticales. On mit quatre heures à descendre la Nare. J'ai trouvé l'altitude de la Magdalena de 190 mètres. A 6 heures du soir le thermomètre marquait 28°,5.

C'est à Nare que je vis *el cedron*, fruit d'un arbre de 8 à 10 mètres de hauteur ; ce fruit est en grande réputation ; chacun en porte un fragment dans sa poche, son amertume est comparable à celle de la quinine ; on l'emploie contre la morsure des serpents On me donna aussi le fruit d'un palmier ; l'ivoire végétal, dont on fait de jolis objets : l'usage s'en répand en Europe.

Obligé de rester un jour à Nare, afin d'organiser l'embarcation sur laquelle nous devions remonter la Magdalena, je pris une série de distances de la lune au soleil, qui placèrent cette localité à 5 h. 12′ 10″ de longitude O. du méridien de Paris. Le soir, à 6 heures, la température s'élève à 29°.

La nuit nous assistâmes à un de ces orages effrayants connus seulement de ceux qui ont vécu dans les vallées les plus chaudes des régions équinoxiales. Les éclairs se succédaient sans la moindre interruption ; à ce point que la clarté qu'ils occasionnaient me permettait de lire mes notes. Le roulement du tonnerre était formidable ; pendant plus de deux heures, on ne put s'entendre qu'en se parlant à l'oreille. Le vent fut si violent qu'aucune des portes de la maison n'ayant pu résister, nous fûmes inondés.

Le lendemain au matin, le ciel était d'une grande pureté ; nonobstant nous ne pûmes nous mettre en route ; le *bongo* était rempli d'eau ; il fallut l'écoper et ce n'est qu'au milieu de la journée que les *bogas* consentirent à se rendre à bord.

Notre navigation en amont n'offrit rien de bien intéressant. On eut naturellement à supporter les nombreux désagréments de la vie en commun avec les bogas, les êtres les plus insubordonnés, les plus capricieux, les plus stupides qu'il soit possible de rencontrer; voleurs, quand l'occasion s'en présente, et se servant du couteau et du *macheta* (sabre) dans leurs querelles. Il faut cependant beaucoup leur pardonner, tant leur existence est misérable; exerçant un rude travail musculaire, nus, en plein soleil, par des températures de 29° à 35°, nourris abondamment, mais avec des aliments grossiers.

Pour remonter le fleuve, ils en suivent les bords, appuyant leur longue perche, terminée en fourche, sur les arbres, les rochers, l'autre extrémité repose un peu au-dessus de l'épaule droite; l'embarcation remonte à mesure qu'ils font agir leurs pieds comme s'ils marchaient. Par le fait du mouvement du bongo, un boga fonctionnant à la proue, se trouve bientôt à la poupe sans s'être déplacé; alors il lève les bras en l'air et, tenant sa perche horizontalement, il court se replacer à la proue où il recommence sa manœuvre. Six, huit, douze bogas, leur nombre dépend de la longueur du bongo, exécutent les mêmes mouvements avec précision, et, en chantant un rythme monotone pour marquer la mesure. Ces hommes, entièrement nus, sont ruisselants de sueur. Tous, au-dessus de l'épaule où ils appuient leur perche, ont une espèce de meurtrissure qui, bien souvent, dégénère en cancer. Ajoutons qu'une fois à terre, ils se livrent à tous les excès.

Quant à la nourriture, on ne se fait pas une idée de ce que mange un boga embarqué; j'ai assisté plusieurs fois à leur repas; voici ce que j'ai pu observer:

Partis à 6 heures du matin, on s'arrêtait à 8 heures pour déjeuner; nos bogas installaient au bord du fleuve une énorme marmite en terre, dans laquelle, la veille au soir, ils avaient fait cuire une centaine de bananes, avec de la viande salée de cochon, de l'ail, etc. Ce ragoût, à cause de la température de la nuit, avait acquis une odeur fortement ammoniacale; une fois réchauffé, nos bogas le mangeaient avec avidité, sans prononcer une seule parole. Après avoir absorbé cette ration, ils buvaient de l'eau tiède du fleuve, émettaient des éructations et nettoyaient bien leur marmite avant de la mettre

à bord ; comme terme de comparaison, nous pre-
nions du chocolat.

Ce fut toujours la même manœuvre. Le soir, à
la couchée, préparation de bananes et de viande
salée, pour le souper, en en conservant pour le
déjeuner du lendemain.

On laissait un feu allumé pendant la nuit,
lorsqu'on bivouaquait sur les bords du fleuve,
pour éloigner les tigres.

La navigation n'offrit rien de particulier,
si ce n'est que, dans une île de sable que l'on
appelle la plage des capucins, parce qu'elle
est hantée, dit-on, par un capucin qui vient
compter les dents quand vous êtes endormi,
je fus cruellement mordu au pied par une
chauve-souris vampire. Je perdis beaucoup de
sang.

Chaque nuit nous avions la compagnie des
caïmans qui venaient respirer à peu de distance
du bivouac, en se maintenant constamment tout
près de l'eau ; on leur jetait un bâton ; ils se
précipitaient aussitôt dans le fleuve ; leur voisinage ne nous causait aucune inquiétude. Plusieurs fois notre bongo fut entouré par de
grands serpents d'eau (manapare). Un d'eux

fut assommé par nos bogas au moment où il es-
sayait d'entrer à bord.

Nous reconnûmes la Boca del rio Negro sur
le rive droite de la Magdalena. Cette rivière
prend naissance près des mines d'émeraude de
Muzo, où elle porte le nom de rio Minero.

A mesure que nous remontions vers Honda,
le cours du fleuve devenait plus rapide. C'est à
Buenavista que l'on commence à voir la Cordillère orientale ; un grand village où nous
pûmes admirer la beauté des palmiers, des co-
cotiers, des platanales. On est saisi d'admiration en présence de la végétation splendide développée sur les rives d'un fleuve majestueux ;
surtout quand on sort d'une contrée monta-
gneuse.

A la hauteur del Piñon del Conejo, on aperçoit le grès quartzeux des environs de Bogota,
en assises horizontales, offrant les formes les
plus fantastiques, ressemblant à des ruines, à
des fortifications. C'est ce grès que Bouguer
comparait à des murs élevés par la main des
hommes.

Après avoir franchi plusieurs *saltos* (cascades)

où nos bogas déployèrent une activité surprenante, nous débarquâmes pour aller à pied jusqu'à l'embouchure du Guarino, tandis que le bongo passait les rapides.

Je revis avec plaisir cette rivière que j'avais remontée jusqu'à sa source, en traversant la Cordillère par le *páramo* de Hervé.

A la Boca del Guarino, nous nous régalâmes avec ses eaux fraîches et limpides, qui nous parurent délicieuses, en les comparant aux eaux chaudes et troubles de la Magdalena.

Quelques heures après, nous arrivâmes à la Bodega de Honda, où je reçus l'ordre de me rendre en toute hâte à Bogota.

J'expédiai le capitaine Walker à Mariquita, et je montai à cheval, laissant mon bagage aux soins de mon brosseur. On jugera de la vitesse avec laquelle je marchai, par ce fait qu'à la troisième étape j'entrais dans la capitale de la Nouvelle-Grenade : Guaduas, Villeta, Bogota, distance que, dans les circonstances ordinaires, on ne franchit pas en moins de quatre à six jours.

On se formera une idée de la lenteur des voyages dans la province d'Antioquia et sur la

Magdalena par le temps que j'ai mis à me rendre de Rio Negro à Honda.

De Rio Negro à Nare, cinq jours, la distance en ligne droite étant 21 lieues de 20 au degré.

De Nare à Honda, j'ai navigué durant six jours et demi. — Distance, en ligne droite : 25 lieues.

X

Passage de la Cordillère centrale par le Quindiú.

J'avais traversé la Cordillère par le Nare et Marinilla ; là où elle disparaît, la vallée du Cauca se réunissait à celle du rio Magdalena par 6° de latitude N. puis, 1 degré plus au sud, par Hervé en allant de Mariquita à Supia, lorsque, en 1827, j'eus l'occasion de passer le Quindiù, en me rendant à Cartago et, de cette ville, à la Véga de Supia, dont je venais d'être nommé surintendant, ayant pour mission d'organiser et de donner plus d'extension à l'exploitation des mines d'or.

Un personnel et un matériel importants, expédiés d'Angleterre, devaient être utilisés, et cela dans une situation où il n'existait aucune ressource.

En pénétrant dans le Cauca par le Quindiù, je pouvais faire des reconnaissances à Cartago, à Rio Sucio en longeant parallèlement à la rivière la Cordillère orientale.

Le Paso du Quindiù, je l'ai dit, est la voie que l'on préfère pour le transport des tissus grossiers fabriqués dans le Socorro, dont on fait une grande consommation dans les provinces du Sud.

Je m'installai à Hagué, afin de préparer mon expédition. C'est la ville des cargueros. Je m'y reposai d'abord quelques jours des fatigues que j'avais éprouvées dans mes excursions répétées sur le plateau d'Andinamarca.

Hagué est doué d'un délicieux climat. Ce n'est pas sans regret qu'on quitte ce grand village. C'est une oasis tempérée au centre des sites brûlants des bords de la Magdalena et des stations froides des montagnes atteignant la hauteur des neiges perpétuelles, sur les pins de Tolima, de Santa Isabel, de Ruiz. On a, à Hagué, des vivres en abondance, des eaux considérables et limpides.

Au moment où j'allais m'interner dans le

Quindiù, je reçus l'ordre de vendre un approvisionnement de substances alimentaires conservées, destinées à une expédition que j'avais dû conduire à Santiago de Véragua, à l'ouest de Panama, expédition qui fut contremandée.

J'ouvris, en conséquence, une boutique, après avoir fait annoncer au son du tambour que l'on procéderait à la vente, à prix fixe, de conserves, de jambons et de langues fumées.

M. Goudot, le botaniste, occupa le comptoir. Quant à moi, je me tins derrière la porte, avec une grande canne à sucre dépouillée de ses feuilles. À l'heure dite, les chalands se présentèrent; c'étaient des Indiens, des métis, tous repoussant avec dédain les conserves, avec leurs boîtes de fer-blanc, mais alléchés par les jambons. Malheureusement ils se mirent à marchander. C'est alors que je sortis de ma cachette, et que j'appliquai à ces acheteurs un bon coup sur le dos de ma canne à sucre, en disant : « Ah ! tu marchandes ! pan ! »

Le lendemain nous n'avions plus un seul client. Une partie des vivres nous suivit dans la montagne, l'autre fut envoyée aux officiers des mines d'argent de Santa Ana.

Dès qu'ils surent que j'allais entrer en montagne, les cargueros m'offrirent leurs services. J'ai par hasard sous les yeux un état du personnel que j'engageai et que je reproduis, comme document intéressant, et parce qu'on y trouve les prix alloués aux hommes qui nous ont servi pour le transport de nos bagages.

Nom.	Charge.	
Bautista Medin. . . .	4 arr. 17 l.	Malles.
Antonio Riomal.. . .	3	Paquet.
Juan José Escandon..	5	Caisse.
Jacinto Forero. . . .	4	Malle.
Juan José Ruperto . .	4,25	Aliments.
Bernardino Vanegaz.	5,12	Caisse.
Santiago Garcia.. . .	3,3	—
Andrea Salvedra. . .	3,3	Literie.
José Vanegaz.. . . .	3,10	Caisse.
Marcos Aguilar.. . .	3,12	Malle.
Ruperto (enfant). . .	1,2	Feuilles de Bijado, bouilloire marmite.
	41,9	

On paie 8 piastres par 4 arrobas, = 100 livres espagnoles. Les 41 arrobas 9 livres coûtèrent 80 piastres 6 réaux.

Pour le transport d'une personne, un carguero exige 16 piastres et la nourriture. Le *sillero* — c'est le titre adopté, doit avoir une allure douce ; sa charge vivante est assise sur une chaise en bambou, suspendue à un lien reposant sur le front du porteur. Il faut rester immobile ; on va en arrière, les pieds reposant sur une latte. Aux endroits scabreux, par exemple, en traversant un torrent sur un arbre jeté en travers, comme un pont, le sillero recommande au patron qu'il a sur le dos de fermer les yeux. Au reste, il n'arrive jamais d'accident ; mais c'est pitié de voir le caguero suer à grosses gouttes ou, dans les montées, de l'entendre respirer en émettant un sifflement terrible.

Malgré les offres que me fit un sillero des plus réputés, je préférai passer à pied la Cordillère.

Le *bastimiento* (les vivres) que nous devions emporter consistait en lanières de viande de bœuf desséchée (*carne seca*), biscuits de maïs, œufs durs, sucre brut, chocolat, rhum et morceaux de sel qu'on nomme pierres de sel résistant à l'humidité, cigares.

Je n'avais à nourrir que les cargueros portant les vivres, le lit et les feuilles de *bijado*; les autres devaient emporter leur nourriture, du *tasajo,* du sucre brut (panela), du chocolat, des *arepos* (galettes de maïs) et surtout du *fifi,* bananes vertes, encore farineuses, coupées en tranches longitudinales, desséchées dans un four, à ce point qu'elles acquièrent l'aspect et la dureté de la corne. Pour manger le fifi en guise de pain, on le brise avec une pierre, et on le laiser tremper dans l'eau.

Cette curieuse préparation, que je n'ai vu faire que chez les cargueros d'Hagué, est absolument inattaquable par les insectes; et une ration ne pèse que le quart de ce qu'elle eût pesé fraîche.

Dans mes bagages se trouvait une somme de 45 000 francs en onces d'or. J'indique cette circonstance, parce que, loin de la dissimuler, je recommandai cette somme à l'attention des cargueros qui allaient la porter; je n'avais pas l'ombre d'un doute sur la probité de ces hommes et cependant nous allions passer des jours et des nuits dans la forêt, loin de toute habitation, de tout secours.

J'ai eu l'occasion de franchir trois fois le pas

de Quindiû : je donnerai en détail le journal de
ce premier passage, me réservant de faire connaître, comme complément, les incidents survenus dans les deux autres voyages.

Le 23 mai 1827, à 7 heures du matin, je sortis
d'Hagué, suivi des cargueros, après avoir traversé le Combaguo, sur un pont en *guaduas*
(bambousier). Le torrent était très fort ; la température de l'eau : 16° ; alt., 1 282 mètres.

A 8 heures, nous étions al Pié de la Cuesta
(alt., 1 384 m.). La montée de la côte fut très pénible, à cause de l'ardeur du soleil et de la mo-
bilité de ces singuliers granits désagrégés, sans
être décomposés, dont j'ai parlé lors de mon
excursion au volcan de Tolima.

A 9 heures, j'observai le baromètre à Las
Amarillas (alt., 1 548 m. ; temp., 22°). On fit
halte près de là, à Las Animas pour déjeuner.

A 1 heure, on était au Guayaral (alt., 2 073 m. ;
temp., 20°). En suivant une arête de terrain,
j'arrivai vers 3 heures à la Palmilla (alt., 2 135 m.)
où j'établis le bivouac.

De la Palmilla, on domine la plaine d'Hagué ;
le pente est très abrupte ; on est séparé de la
ville par une profonde vallée où coule le Com-

baguo. Lorsque souffle le vent d'est, il apparaît des amas de vapeurs. C'est sur un de ces nuages que M. Goudot et moi, nous vîmes nos personnes projetées et entourées d'une magnifique auréole irisée, d'une *gloire*, comme disait Bouguer, qui observa ce phénomène sur le Pambamarca.

Dans cette station, nous étions environnés de beaux palmiers à cire (*ceroxylon andicola*), de quinquinas blancs décrits par Mutis, de fougères arborescentes. Il y eut un très fort orage venant du sud; il plut toute la nuit dans le bivouac, ce qui ne m'empêcha pas de dormir profondément.

Le 24 mai, nous étions dans un triste état, l'ouragan avait bouleversé notre bivouac; on se mit tard en route.

A 1 heure, on arriva à la Cara de Perro (alt., 2591 m.; temp., 19°) par une pluie battante, qui nous poursuivait depuis le départ. Le sentier, tracé dans un mince schiste décomposé, était impraticable.

De Cara de Perro, on descend vers la maison de las Tapias (alt., 2003 m.: temp., 15°7) où je couchai *sous un toit* en attendant mes cargueros.

Il en était un surtout qui m'obligeait à ne pas aller au delà, c'était le petit bonhomme chargé des feuilles de bijado, notre abri portatif indispensable par un temps aussi pluvieux.

Le 25 mai, je me mis en route à 7 heures. J'entrai dans la maison del Moral à 8 heures (alt., 2 033 m. ; temp., 18°). Un peu après, je descendis dans l'étroite vallée de l'Azufral, décrite dans mon *Ascension au Tolima*. Ce fut avec plaisir que je revis la jolie cascade, que je pris, dans une fissure, pour me réchauffer, un bain froid d'acide carbonique. Je déjeunai sur le bord du ruisseau ; on ressentait, dans cette atmosphère, l'odeur de l'acide sulfhydrique.

On avait beaucoup travaillé depuis ma visite. Les *Azufreros* fondaient du soufre extrait d'une galerie percée dans un micaschiste carburé, où ils étaient obligés de se tenir, suspendant leur respiration pour ne pas être asphyxiés par l'acide carbonique.

J'établis mon bivouac au-dessus de l'Azufral, à Buenavista (alt., 2 100 m. ; temp., 14°) sur le micaschiste. C'est un petit emplacement où je fus cruellement incommodé par les *mosquitos*.

Il ne cessait de pleuvoir et nous y percevions

une odeur de latrines indiquant le voisinage d'une soufrière. Il est vraisemblable que les micaschistes, redressés par le soulèvement du trachyte du volcan de Tolima, renferment du soufre.

Le 26 mai, dès 7 heures du matin, les cargueros se faisaient entendre dans la forêt ; car ils ont la coutume de jeter comme des cris d'encouragement lorsqu'ils se mettent en route.

A 8 heures, on était à Contadero de Sachafruto (alt., 2 319 m. ; temp., 15°3). A 8 heures 1/2, al Aguacaliente (alt. 2 276 m.). La température de l'eau de la source chaude était 53°,3. Je fus surpris de cette indication ; car lors de mon excursion au Tolima, j'avais trouvé 58°,8. Le bassin a une capacité de quelques litres seulement, et je crois que la température des sources chaudes peu volumineuses n'est pas invariable. Le thermomètre, à l'air, marquait 16°,1.

Au-dessus d'Aguacaliente, il y a un dépôt calcaire blanc fibreux, en bandes d'environ un centimètre d'épaisseur ; plus haut encore on voit, en plan, une belle roche que je considère comme du trachyte.

En laissant l'Aguacaliente, on monte par une

pente douce jusqu'à l'Alto de Machin (alt.,
2435 m. ; temp., 17°). Le chemin était fort glissant, un schiste décomposé, formant une boue
épaisse. Arrivé sur l'Alto, j'éprouvai une soif
ardente. Mes guides me dirent qu'ils connais-
saient bien une source près de là ; mais qu'il
n'était pas possible d'en boire l'eau, à cause de
la saveur piquante (acide : *que sabia à aji*)
qu'elle possédait, la saveur du poivre long.
Quelle ne fut pas ma joie quand je pus étancher
ma soif avec une eau très gazeuse, légèrement
ferrugineuse. Mes cargueros ne purent se déci-
der à se rafraîchir, tant, je ne sais pourquoi,
cette eau leur répugnait.

De l'Alto on descend au Rio San Juan, à l'endroit où il fait sa jonction avec la Quebrada de
Machin (alt., 1955 m. ; temp., 19°). Ce torrent
prend le nom de Cuello, avant d'entrer dans la
Magdalena, bien au-dessous d'Hagué.

La pluie n'avait pas cessé et, quand nous
fûmes au San Juan, elle se transforma en une
de ces ondées que connaissent seulement ceux
qui ont voyagé dans les régions chaudes de
l'équateur.

Nous longions le rio en remontant et suivant

un sentier couvert de boue. Je souffrais tellement des pieds que j'avais dû me déchausser.
J'étais mouillé au maximum. Néanmoins, grâce
à un vêtement que je portais en temps de pluie.
une chemise en flanelle grossière, le froid occasionné par l'humidité fut tolérable.

Quand j'arrivai à la couchée, j'endossai une
chemise sèche de laine ; mais le lendemain, je
reprenais la chemise humide de la veille. On peut
marcher avec des vêtements mouillés sans qu'il
en résulte des inconvénients sérieux pour la
santé, à condition de ne pas s'arrêter : le danger
ne se manifeste qu'alors qu'on éprouve la sensation du froid ; si l'on est à cheval, il faut immédiatement mettre pied à terre et marcher.
Malgré le piteux état où j'étais, je visitai une
source gazeuse chaude tout auprès de San Juan.
rive droite. L'ouverture avait 1 mètre de long.
sur un demi-mètre de large. L'eau paraissait
bouillir ; mais en y plongeant la main, on recon-
naissait que la tempéreture était peu élevée ;
l'agitation du liquide provenait d'un fort dégagement de gaz acide carbonique. Le thermomètre
s'y maintenait à 35°,6. J'en trouvai l'eau très
agréable à boire, avec une saveur aigrelette et

styptique comme celle de la mare de l'Alto de Machin ; on n'apercevait pas l'issue de l'eau. Les cargueros prétendaient que le puits était profond, puisqu'ils n'en avaient pas atteint le fond en y plongeant un guaduas de 13 mètres de longueur ; je n'ai rencontré dans l'eau gazeuse de Tocho que des traces de protoxyde de fer et des sels alcalins.

On éprouva des difficultés à traverser le gué de San Juan. La pluie continuait ; le torrent, dont les eaux étaient devenues très fortes, roulait des blocs de trachyte. Je passai la rivière monté sur les épaules d'un carguero appuyé sur deux bâtons et protégé par deux autres cargueros se tenant à 1 mètre en amont pour rompre le courant et aussi prêts à porter secours dans le cas où il surviendrait un accident.

Nous passâmes heureusement, étourdis par le fracas du torrent ; en prenant un bain de pieds assez désagréable par la fraîcheur de l'eau (13°).

A 4 heures, j'atteignis le Tambo de Tocho, sorte de caravansérail où les voyageurs trouvent un toit sous lequel ils peuvent s'abriter et faire la cuisine, si toutefois ils ont des provisions.

Sous ce hangar ouvert de tous les côtés, nous fûmes exposés à un vent des plus violents, accompagné de rafales de pluie.

Avant d'atteindre le Tambo, je rencontrai un pauvre soldat cheminant dans la boue. Il se rendait à Cali, pour y réclamer la succession de son père. Il était presque mort de froid. Je l'engageai à suivre ma caravane. Je ne doute pas que, sans l'assistance que je lui prêtai, il n'eût vite succombé de besoin.

27 mai. Nous avions souffert du froid sous le Tambo. A 7 heures du matin, le thermomètre marquait 12°, température peu agréable lorsque l'air est humide et fortement agité.

A 8 heures, toujours par une pluie soutenue, nous entreprîmes la montée de Tocho, par un chemin tellement glissant qu'il fallait souvent entailler l'argile molle pour que le pied pût s'y maintenir.

A 11 heures, nous étions sur l'Alto de la Sepultura, où on avait enterré un *carguero* qui était mort de fatigue. Mes hommes assuraient que la nuit on entendait, dans la forêt, son âme appeler au secours.

De l'Alto de la Sepultura (alt., 2 627 m. ; temp., 13°) j'allai à Yerbabuena où, sans abri, par une bonne pluie, je déjeunai de fort bon appétit. Je vis apparaître le schiste amphibolique.

A 1 heure, j'étais dans la Quebrada de las Cruzes (alt., 2 383 m. ; temp., 14°) et à 2 heures sur l'Alto de las Cruzes (alt., 2 663 m. ; temp., 13°,7).

De cette station, la vue se repose sur un horizon de verdure, d'où s'élance le gigantesque palmier à cire (*ceroxylon*) en groupes nombreux, semblables à de blanches colonnes. Dans le lointain, ces colonnes parallèles font l'effet de mâts de vaisseaux, à l'ancre dans une rade.

La descente de l'Alto fut aussi pénible que l'avait été la montée ; des trous pleins de boue liquide; une pluie incessante.

Nous vîmes apparaître, dans ce bourbier, un nègre que l'on venait de juger à Beryà. Il avait les fers aux mains, portait sur la tête une provision de *platano* et avançait ainsi, trébuchant à chaque pas, à peine soutenu par deux *cabos de justicia*. Ce nègre avait commis un meurtre. Néanmoins, il était si malheureux que je regrettai bien de ne pouvoir lui faire l'aumône.

J'étais nécessairement sans argent, n'ayant sur
moi que des vêtements mouillés et couverts de
boue. Qui aurait pu prévoir que je rencontre-
rais une misère à soulager dans les solitudes du
Quindiù.

J'étais à 5 heures au torrent de Rochecito,
dont l'eau me parut glaciale quand je passai le
gué (temp., 9°), le site avait un aspect sauvage ;
j'y établis le bivouac (alt., 2576 m. : temp., 10°).
Nous nous trouvions sur le micaschiste.

Le 28 mai, à 7 heures, nous prîmes un sentier
très visible conduisant au páramo. Il faisait
beau ; je ressentis un sentiment de bien-être que
je n'avais pas éprouvé depuis mon entrée dans
la montagne. Nous traversâmes une forêt de
ceroxylons garnis de grappes de fruits rouges.
La végétation était splendide, à mesure que
nous retrouvions les plantes alpestres du plateau de Bogota.

A midi, j'ouvris le baromètre sur le point le
plus élevé du páramo ; j'eus pour altitude
3390 mètres ; le thermomètre à l'air libre indiquait 11°7.

Depuis Hague, nous avions fait 10 lieues de
6660 varas, d'après un mesurage de la route

exécuté par ordre du gouvernement. La cime du páramo est formée de micaschistes semblables à celui de la Véga de Supia. Après avoir déjeuné sur l'Alto, nous commençâmes la descente avec la pluie et par des chemins tellement étroits, profonds et surplombés, qu'en certains endroits, on se croyait dans une galerie de mine. Après quatre heures d'une marche fatigante au plus haut degré, nous arrivâmes à Matafiqua (alt., 2 200 m. ; temp., 15°) où je reconnus un schiste talqueux alternant avec le micaschiste et le schiste amphibolique, le grünstein, que j'observai un peu plus bas.

J'arrivai au Contadero de Crux Gorda (alt., 1 950 m.; temp., 13°) où je devais bivouaquer; malheureusement, sans avoir été suivi du porteur de feuilles de bijado, de sorte que la pluie m'obligea à m'abriter momentanément dans le tronc creux d'un *hura crepitans* (sablier des Antilles).

Le 29 mai, de Crux Gorda au rio Quindiù; le terrain est un marécage. En trois heures de marche nous fûmes à la rivière (alt., 1 816 m. ; temp., 16°) que je passai sans accident. Ensuite on monta jusqu'à l'Alto de Lara Ganao (alt.,

2067 m.). On rencontra ensuite el Roble (alt., 2114 m. ; temp., 16°).

En quittant el Roble, je fus cruellement piqué au pied par une abeille sauvage (*arispo bravo*) ; un carguero me pansa en appliquant du tabac mâché sur la piqûre. Le soulagement fut immédiat, et je pus continuer à marcher.

Je bivouaquai au Socorro (alt., 1880 m. ; temp., 17°).

Le 30 mai, j'allai déjeuner à Buenavista (alt., 1837 m. ; temp., 17°). C'est alors que commença la plus mauvaise partie du chemin. On est, dans les *guaduales*, exposé aux épines de ces gigantesques graminées et constamment dans une boue où l'on enfonce jusqu'aux genoux. En route, je me suis rafraîchi avec l'eau qu'on retire des *guaduas* en pratiquant une ouverture au-dessus d'un des nœuds de la tige. D'une seule ponction, j'obtins un quart de litre de liquide : eau claire, fraîche, et ainsi que l'analyse l'a montré depuis, à peu près pure. C'est une grande ressource pour ceux qui traversent les longs guaduales de pouvoir se désaltérer avec de l'eau limpide, là où il n'y a sur le sol que de l'eau fortement chargée d'argile qu'on en sépare par le repos.

Sur le soir, j'arrivai harassé, mouillé, couvert de boue, au Sitio de la Balsa (alt., 1 279 m.; temp., 22°). Je me logeai dans une cabane où je dus attendre la *sortie* de mes cargueros. La plupart étaient en retard, et cela se conçoit, avec leurs charges; par une saison aussi pluvieuse, ils ne pouvaient me suivre, quelque lente que fût ma marche.

Ils arrivèrent le 1er juin. Il manquait cependant celui chargé des 45 000 francs en or. J'expédiai deux de mes hommes à la découverte. Ils revinrent bientôt avec le trésor; le pauvre diable auquel je l'avais confié, atteint subitement de la fièvre, était retourné à Hague.

Le 2 juin, au lever du soleil, je me mis en route pour Cartago, à l'ouest-sud-ouest de la Balsa. Le chemin fut fort mauvais jusqu'au rio de la Visjo ou de Quindiù, où je fis halte à midi (alt., 972 m.; temp., 26°).

Ce rio reçoit la Quebrada de Piedramola, c'est près de la jonction qu'on passe la rivière: il y a confusion de noms, chacun a le sien: mais, en définitive, c'est la réunion des eaux descendant du versant ouest du Quindiù.

En somme, pour parvenir de la Magdalena

au Cauca, nous avons remonté le lit du rio San
Juan, et, parvenus au point culminant du
chemin, au páramo, nous avons descendu le lit
du rio du Quindiù.

Je l'ai déjà dit, les routes naturelles pour
franchir une chaîne de montagnes, ce sont les
torrents qui descendent de leurs sommets.

J'arrivai à Cartago dans l'après-midi, dans un
accoutrement des plus bizarres que j'avais ima-
giné pour me soustraire à la pluie. Je ressemblais, après tout, à un individu sortant d'un
bain de boue. Mon brosseur, que j'avais envoyé
en avant, avait loué une maison spacieuse, de
style mauresque, avec galeries intérieures,
donnant sur la cour. Les logements du rez-de-
chaussée étaient occupés par de charmantes personnes ; parmi elles, une sirène aux yeux bleus.

De páramo à Cartago, en mesurant à la
chaîne, on a trouvé 12 lieues de 6660 varas.
J'avais mis neuf jours à parcourir cette distance.

Je me bornerai à signaler quelques incidents.

En janvier 1830, j'ai passé le Quindiù monté
sur une mule, le temps étant des plus favo-

rables. A cette époque, une division de l'armée colombienne revenait du Pérou ; le général Bolivar l'avait précédée. Il me donna quelques instructions.

Le 26 janvier, je me rendis d'Hague à las Tapias.

Le 27, je couchai au Tambo de Tocho. Près de l'Aguacaliente, je trouvai un *sillero* mort sous les coups que lui avait donnés un misérable officier pour le faire avancer. Personne ne se préoccupa de cet assassinat. J'arrivai à 3 heures à la source d'eau gazeuse.

Le 28 janvier, j'atteignis le point culminant du páramo. Pendant la montée, je rencontrai une compagnie de lanciers en route pour Hague ; les officiers et soldats à pied furent bien surpris de me voir en selle. Quand je les eus quittés, je pénétrai dans un de ces chemins creux que j'ai décrits, lorsque, tout à coup, ma mule ne pouvant faire un écart, faute d'espace, fit un bond prodigieux à tel point, que, fort heureusement, je pus saisir une branche et m'y maintenir suspendu, pendant que mon brosseur réussissait à faire franchir à la bête l'endroit où elle s'était effrayée ; l'animal avait défoncé l'abdomen d'un soldat enterré, il en était sorti un gaz d'une extrême fétidité : ce fut la journée aux tristes aventures.

En arrivant là, on voit finir la végétation arborescente. Je remarquai une fosse fraîchement fermée ; il me sembla que la terre remuait au-dessous. Aussitôt je sautai de ma mule et, avec l'aide du brosseur, je me mis à déterrer le mort qui s'agitait. A peine avions-nous commencé que nous le vîmes se dresser sur son séant. C'était un grenadier : il avait les yeux hagards et tournait lentement la tête à droite et à gauche. Nous l'appuyâmes contre un arbuste et j'approchai de ses lèvres ma gourde contenant du rhum ; il n'eut pas le temps d'en boire, car il s'affaissa en tombant lourdement : son pouls ne battait plus ; nous le replaçâmes dans sa tombe sans le recouvrir de terre.

Je passai la nuit près de lui, au Paramillo, où nous eûmes froid ; le thermomètre s'abaissa à 8°.

Le 29 janvier, je couchai à l'Araganal.

Le 30, j'étais à la Balsa.

Le 31, j'entrai à Cartago, à 2 heures de l'après-midi.

A dos de mulet, j'avais passé le Quindiù en cinq jours et demi.

Cartago est une de ces villes de régions chaudes, belles, bien bâties au centre ; bordées de maisons couvertes en chaume, divisées en quartiers ou mansanas.

Une place spacieuse, une église, de hauts palmiers dominant les habitations.

Pas de mouvement, une population éparse, peu active, vivant de peu.

Cartago est cependant une des cités commerciales du Cauca. Elle communique, au nord, avec la Véga de Antoquia, au sud avec Cœli et Popayan, à l'ouest, avec le Choco.

Je créai peu de relations avec les habitants, si ce n'est avec un Français, Gabriel de la Roche, administrateur del Estanco de Tabaco.

M. de la Roche Saint-André, dont j'ai l'extrait de baptême, servait dans les Vendéens ; il émigra pendant la révolution, et il est du petit nombre des émigrés qui passèrent en Amérique.

A Cartago, il épousa la fille d'un sieur Marisinluma, entiché de la noblesse de sa famille, et j'ai eu sous les yeux tous les titres, armoiries, sceaux, etc.

Mme de la Roche, quand je fis sa connaissance, était encore une beauté, bien qu'elle eût déjà cinq ou six enfants, mais sans la moindre éducation ; je doute même qu'elle sût lire, elle passait sa vie à confectionner des cigares.

L'intérieur du sieur de la Roche peut donner une idée de la vie de l'Amérique méridionale.

Une maison en briques crues et recouverte en tuiles, n'ayant qu'un rez-de-chaussée, une salle immense, non plafonnée, dans laquelle il n'y avait qu'une table, quelques fauteuils massifs, recouverts de cuir de Cordoue, une *tinaja*, vase en terre cuite poreuse, sorte d'alcarazas gigantesque, placé dans un courant d'air, où l'eau avait constamment, par l'effet de l'évaporation, une température inférieure de plusieurs degrés à celle de l'atmosphère. Deux alcôves à l'extrémité de la salle, dont les portes ouvraient sur le *patio*, la cour intérieure.

Madame et ses enfants allaient pieds nus ; on ne mettait des bas que pour se rendre à l'église, suivi d'un esclave portant un tapis pour s'asseoir à l'orientale. J'ajouterai que les dames portaient, toute la journée, des fleurs dans leur magnifique chevelure.

Le mari dînait seul à table, servi par un enfant. Le reste de la famille prenait ses repas dans la cuisine, par terre, près du foyer.

Quant à la nourriture, c'était celle que je mangeais dans la forêt : du tasajo, des bananes, des tortillas de maïs, et surtout du chocolat, et, pour boisson, de l'eau claire que l'on puisait au rio de la Vieja qui dépend des nevados de Tolima.

Cartago est sur la rive droite et un peu au-dessus du Cauca dont la hauteur, comparée à l'Océan, est de 978 mètres. La température moyenne est 24°,5.

J'ai fait à plusieurs reprises d'assez longs séjours dans cette ville de quelques milliers d'habitants, cultivateurs (*haciendados*) et commerçants ; les esclaves y étaient fort nombreux. La vie y est facile, oisive pour les blancs.

J'y ai fait peu de connaissances, si ce n'est dans le voisinage de la maison où je demeurais.

Les femmes, gracieuses, plutôt que belles, charmantes, avec leur chevelure entremêlée de fleurs; cette parure peut avoir des inconvénients.

Ainsi j'étais très lié avec une demoiselle, jeune, fraîche, grassouillette, petite fossette des joues que le rire faisait apparaître et de beaux yeux noirs, ayant l'étonnante faculté d'apercevoir, sans lunette, le premier satellite de Jupiter. Or un jour, comme je me rendais à une invitation à dîner dans une hacienda, à quelques lieues de Cartago, je donnai un abraso à ma jolie connaissance, ainsi que l'exigeait l'usage, puis je montai à cheval. Le soir, au retour, je donnai encore un abraso, quand, tout à coup on se fâcha, on s'éloigna de moi, comme si j'avais été un pestiféré, en grimaçant une de ces moues expressives, comme en savent faire les femmes des pays chauds. Je demandai la raison du singulier accueil que je recevais : la réponse fut celle-ci :

« Vous avez embrassé la Gabriellita ?

— Comment le savez-vous ?

— Je le sais parce que vous sentez l'odeur du muguet, fleur que Gabriellita porte dans ses cheveux ! »

Impossible de nier.

Et s'il m'était permis de conter l'histoire d'une curieuse recommandation :

« Après dîner, vous ne prendrez pas de café !

— Et pourquoi ?

— Parce que...

Je dois taire le parce que. Il paraîtrait que l'action attribuée au café est généralement admise par les dames de l'Amérique méridionale.

Les señoritas del valle del Cauca excellent dans le plaisir favori des dames espagnoles. Il faut voir comme, dans un costume léger, avec leur taille cambrée sans être emprisonnée dans un corset, elles enlèvent un boléro, un fandango, un molé-molé, sans autre orchestre qu'un nègre agitant son alfandoque, un tube de bambou contenant des cailloux et improvisant des chants quelquefois assez érotiques ou des historiettes scandaleuses ; pour rafraîchissement, du rhum, dont on abuse rarement.

Il ne serait pas aisé de décrire l'animation des danseurs, la vivacité des jeunes demoiselles dans ces réunions nocturnes. C'est une sorte d'ivresse.

Si l'on excepte la société toujours agréable des femmes, la ville offrait peu d'autres ressources.

Je m'occupai aux observations météorologiques. L'étude même des terrains géologiques aurait eu pour moi peu d'intérêt, si mon attention n'eût été attirée sur de singuliers dépôts siliceux.

Le sol de la vallée du Cauca entre Cartago et Anserma Nueva, est un atterrissement déposé au fond d'un lac. On remarque sur toute la plaine des monticules isolés, formés de strates de sable, d'argile sablonneuse et recouverts à la partie supérieure sur une épaisseur d'environ 30 centimètres, par une substance blanche, la *tierra blanca*, employée pour blanchir les maisons, quand on l'a délayée dans de l'eau rendue mucilagineuse par le suc de certaines plantes, ordinairement le cactus.

Cette terre très légère, friable, est de la silice impalpable, presque pure, semblable à celle que laissent déposer les eaux chaudes du Quindiù, et il n'est pas improbable qu'elle ait aussi une origine thermale; si l'on considère son étendue superficielle, ce gisement de silice, d'une ténuité extrême, est considérable.

J'employais, comme combustible, dans les lampes de mon laboratoire portatif, de l'huile extraite du fruit d'un palmier, le *palma real*, au moyen de l'ébullition.

Cette huile est d'un goût agréable; on s'en sert pour la friture. On pourrait s'en procurer des quantités considérables. C'est l'huile cosmétique que les belles Caucasiennes mettent sur leur chevelure.

Parmi les originaux que j'ai connus à Cartago, j'en citerai deux :

L'un était un jeune curé qui, dans son enfance, était tombé du haut du clocher d'Anserma Nueva et s'était démis la mâchoire : la bouche se trouvait à la place occupée par l'oreille, de sorte que, lorsqu'il communiait, il avait l'air de mettre l'hostie derrière sa tête.

L'autre était Fiscal, accusateur public. Il déraisonnait, ayant perdu l'esprit, par suite d'un événement tragique : sur son réquisitoire, un assassin avait été condamné à mort; on allait

l'exécuter quand une colonne espagnole pénétra
dans la province. Le condamné était royaliste
exalté ; il espérait être mis en liberté par le
commandant des troupes royales, par le seul
motif que la sentence avait été rendue par un
tribunal républicain ; l'accusateur public était
persuadé qu'il serait dénoncé aux Espagnols et
poursuivi. Le pauvre homme en était tellement
convaincu, qu'il se rendit à la prison et tua le
prisonnier d'un coup de lance. De juge, il s'était
fait bourreau. L'impression qu'il éprouva fut
terrible ; il eut un accès de folie, et jamais, depuis lors il ne recouvra la raison. C'était un
halluciné ! Chaque fois qu'il me rencontrait, il
me demandait s'il n'avait pas accompli son devoir en tuant l'assassin jugé par le tribunal.
Naturellement, j'approuvais la résolution extrême qu'il avait prise et cela pour le tranquilliser ; mais c'était en vain. Le misérable qu'il
avait tué devint un spectre qui le poursuivait
partout.

Je noterai deux incidents survenus pendant
mes séjours à Cartago.

J'étais chez el señor de la Roche, mon compatriote, quand el señor Duran, son voisin, ar-

riva un jour tout effaré, tenant à la main une tasse de chocolat, dans laquelle il y avait une cuiller d'argent noircie. On venait de lui servir le chocolat préparé par sa cuisinière, une négresse esclave, lorsqu'il remarqua l'altération subie par le métal. Il ne fut pas difficile de reconnaître que le breuvage contenait du sublimé corrosif : on avait eu l'intention de l'empoisonner. El señor Duran fit appliquer 25 coups de fouet sur le gros derrière de la négresse et tout fut dit.

Je suis persuadé que les cas d'empoisonnement sont assez fréquents dans l'Amérique méridionale, surtout dans les localités isolées : le criminel est sûr de l'impunité.

L'autre incident avait un caractère politique. C'était en 1830. On venait d'apprendre la mort du Libertador ; j'en fus très ému. Le parti démagogique se réjouissait de ce triste événement. Les démagogues n'eurent pas honte de donner un bal. J'en fus outré, ainsi qu'un de mes camarades. On avait eu l'impudeur de nous inviter.

Le soir, nous nous mîmes en uniforme, portant un crêpe au bras, pour nous rendre à l'invitation. Une fois entrés dans la salle, ayant dit crûment notre opinion sur l'inconvenance de cette fête, un jour de deuil public, nous dégaînâmes et nous éteignîmes les bougies. Les femmes se mirent à pleurer; les cavalleros à grogner; mais, en un instant, la salle fut évacuée. Nous venions de commettre une imprudence qui pouvait nous coûter la vie; mais il n'est rien de tel que l'audace.

Je quittai Cartago pour me rendre dans le district de la Véga de Supia par la forêt qui borde la rive gauche du Cauca. C'était un rude trajet; il faut traverser des torrents impétueux, des bourbiers. C'est, au reste, le chemin des convois de mules qui se rendent de la province de Popayan dans celle d'Antioquia.

Rio Sucio, où l'on entre en sortant de la forêt serait, en ligne directe, à 12 ou 13 lieues au nord de Cartago. Cependant telles sont les difficultés que présente la route, qu'à mulet on met de cinq à huit journées.

J'extrais de mon journal un trajet accompli

dans une saison assez favorable pour aller de Cartago à Rio Sucio :

De Cartago à Rio Sucio.

Jours.	Localités.	Altitude.
1ᵉʳ	Passé sur la rive gauche du Cauca (bivouaqué au Rio Santa-Catarina).	986
2ᵉ	Passé la rio Cañaveral..	1 002
—	— l'alto de —	1 260
—	Bivouaqué à la Quebrada del Rey.. .	939
3ᵉ	Passé la Rio Tutuy.	1 031
—	— Apiaï..	995
—	Bivouaqué a las Colas (rosée)	
4°	Alto de la Hondo.	1 326
—	Quebrada —	1 061
—	Bivouaqué au rio Guarino.	1 177
5ᵉ	Passé la rio Sopingo ou Rizaraldas. .	1 086
—	Quebrada Chatapa..	1 094
—	— Papayal..	1 111
—	— del diablo..	1 511
—	— Tusa.	1 604
—	— Caula..	1 531
6ᵉ	Passé par le village de Anserma Viejo.	1 788
—	Bivouaqué al Tabuyo..	
—	Alto de Villalobos	2 007
—	Passé la rio Opirama.	1 276
—	Village de Quinchiu.	1 776
—	Alto de —	1 672
—	— del Hijo..	1 717
—	Quebrada del Hijo	1 691
—	Alto del Aguacatal	2 128
—	Torrent de Rio Sucio	1 698
8ᵉ	Arrivée au Rio Sucio de Engurumi. .	1 818

Le point le plus élevé de la route est l'Alto de Aguacatal près Rio Sucio de Engurumi.

Les nombreux cours d'eau que l'on rencontre descendent de la Cordillère occidentale. On les passe à peu de distance de leur entrée dans le Cauca et, si la route n'est pas plus rapprochée de cette rivière, c'est pour éviter les gaduales, les terrains bourbeux et aussi pour trouver des gués que les chargements puissent passer sans trop de danger.

L'impétuosité des torrents est telle qu'une mule est entraînée lorsque l'eau atteint la sous-ventrière ; l'animal roule sur lui-même et ce n'est pas toujours que l'on parvient à le sauver. Il arrive quelquefois que le voyageur est retenu durant plusieurs jours par les crues du Canaveral, de l'Apiaï, du Sopingo, de l'Opirama.

Les roches que l'on observe sont celles que j'ai signalées dans la Cordillère centrale et la Véga, des schistes, des syénites, du grünstein porphyrique. Les observations géologiques ne présentent, par conséquent, qu'un minime intérêt ; aussi rien de plus monotone que le parcours de cette grande forêt qui couvre les contreforts de la chaîne occidentale ; on est dans une solitude où on lutte contre les torrents et les marécages, près de Anserma Viejo, de Quindiù.

Anserma Viejo, le *maître du sel*, autrefois, était une localité importante. Les caciques y faisaient exploiter des eaux salées sortant des roches porphyriques. On y extrayait aussi de l'or, de la mine Rica, dont la trace est perdue.

Je logeai à Anserma, chez un alcade indien, qui me donna ce que j'avais vainement cherché jusque-là, la date de la fameuse pluie de cendres, venant de l'est, tombée à Cartago, au Choco. Ce fut le 14 mars 1805 ; entre 1 et 3 heures de l'après-midi, le ciel, d'une grande pureté, s'obscurcit tout à coup ; à Anserma on s'attendait à une pluie très forte ; elle tomba, mais elle ne mouillait pas : c'était une cendre noire à odeur sulfureuse lancée par un volcan du páramo de Ruys. Les plantes en furent couvertes.

Ce fut deux ans après, en 1807, que l'on transféra l'Anserma de la conquête là où il est aujourd'hui, Anserma Nuevo. Les Indiens de race pure restèrent dans l'ancienne localité.

Selon la tradition, Quinchiù, près Rio Sucio, était habité par des nations anthropophages.

Dans les traversées de la forêt, il m'est survenu quelques incidents :

J'étais sorti de Cartago avec un convoi de mules portant mes bagages, vivres, etc. Après un déjeuner au rio Apiaï, on établit le bivouac près du ruisssau de las Coles, dans une grande éclaircie, offrant un bon pâturage, où l'on entrava les mules. Le ciel était magnifique, l'air calme. Alors je fus surpris d'entendre pleuvoir abondamment dans la forèt ; je pourrais dire de voir tomber la pluie : à la lumière de la lune, je voyais l'eau ruisseler à la surface des feuilles. C'était un curieux phénomène que j'ai observé depuis, en bivouaquant dans les forèts des régions chaudes. C'est un effet du refroidissement occasionné par le rayonnement nocturne, une rosée d'une abondance exceptionnelle. Il suffisait d'entrer sous bois pour être exposé à la pluie, tandis qu'à quelques mètres de là, dans le Contadero de las Coles, où nous couchions, il ne tombait pas une goutte d'eau.

J'ai été témoin d'une forte apparition de rosée, même en dehors de la forêt. C'était sur le littoral de l'océan Pacifique, dans une zone ou il ne pleut jamais. Un peu avant le lever du soleil, des longues feuilles d'un bananier, la rosée commençait à couler, en assez grande quantité pour qu'on pût la recueillir. Les gens du pays croyaient que la plante puisait l'eau dans le sol.

Cette condensation de vapeur de l'atmosphère par les feuilles refroidies joue un rôle important: elle contribue à former les rivières.

Ainsi, à une certaine altitude, dans les montagnes, par l'eau condensée et par leur étendue, les marais et les pantanos (marécages) situés à la base des páramos de Quindiú et de Hervé, sont réellement les sources des torrents. Les régions boisées, en même temps qu'elles amènent sur la terre l'humidité que les feuilles soustraient à l'air, atténuent aussi par leur ombrage, l'évaporation. Elles font naître et conservent l'eau des météores imbibée dans le sol.

Je fus obligé de me rendre de Cartago à la Véga de Supia par un temps pluvieux. Je devais avoir à surmonter bien des obstacles. C'est ce qui arriva et, de plus, je fis des rencontres assez inattendues.

J'allais m'engager dans le plus épais de la forêt ; il n'avait pas cessé de pleuvoir depuis mon départ d'Anserma Nuevo ; les mules n'avançaient qu'avec difficulté : je pris les devants, accompagné de mon brosseur. Parvenu au rio Cañaveral, je pressai la marche dans l'espoir d'atteindre le rio Apiaï avant une crue ; je cheminais lentement dans les bourbiers de Villalobos, sous une sorte de voûte de bambousas gigantesques (guaduas). J'avisai un homme accroupi occupé à cuire des aliments. Il se redressa et se dirigea sur moi, en tenant horizontalement un long couteau ; je dégainai l'*aiguille* et, me mettant en position, je lui enjoignis de s'arrêter s'il ne voulait pas que je lui abattisse le bras. Il baissa alors la pointe de son arme et resta immobile. C'était un vieillard à barbe blanche ; un Européen ou un Métis. Il m'apprit qu'il venait de Carthagène, qu'il allait à Popayan. Je laissai ce malheureux qu'on soupçonna plus tard d'être un galérien évadé du bagne et, lui jetant un cigare et une pièce de monnaie, je l'avertis de prendre garde à mon brosseur. L'infortuné retourna à sa marmite.

La pluie redoublait ; le tonnerre grondait dans le lointain ; il fallait absolument, sous peine d'être arrêté par une crue, traverser l'Apiaï.

Il faisait presque nuit lorsque j'arrivai à la rivière ; l'eau était haute et le mugissement qu'on entendait en amont, les galets qui se déplaçaient annonçaient la *cresciente*, la descente du flot ; il n'y avait pas un instant à perdre et je poussai résolument ma mule (l'infatigable). Elle fit un plongeon en s'abattant, pour se relever aussitôt ; l'eau n'atteignait pas la sous-ventrière ; et, maintenue par le brosseur, ma bête atteignit la rive gauche sans accident.

La nuit devint profonde ; les éclairs nous éclairaient. Mouillés complètement, nous ne trouvâmes d'autre abri qu'un rancho dressé. L'orage éclata terrible ; la mule, solidement attachée à un arbre, nous nous blottîmes sous une mince toiture.

Après une marche aussi fatigante, nous n'avions rien à manger, pas même la possibilité de fumer, ma gibecière ayant été mouillée.

Notre odeur attira une nuée de *zancudos* (cou-sins). Pour préserver mes pieds nus des piqûres, j'imaginai de les envelopper dans la coiffe en toile cirée de mon chapeau.

Dans cette triste situation, transi, mourant de faim, je restai douze heures assis sur une pierre et exposé à la tempête. Ce fut une des plus tristes nuits que je passai dans mes voyages.

Le matin je sortis du lit de l'Apiaï monté sur ma mule pour suivre une côte en pente douce aboutissant à Anserma Viejo. Le brouillard permettait d'aller au pas, quand tout à coup apparut une bande d'Indiens armés. Les Indiens s'arrêtèrent; j'en fis autant, en mettant le sabre à la main; le brosseur arma son fusil humide; on s'observait, lorsqu'un Indien s'avança vers moi en m'appelant :

« Compadre don Juan! »

C'était le cacique de mes bons amis les Chami, près Rio Sucio. Les Indiens allaient en chasse. Leur ayant fait comprendre par un geste que nous étions sans ressources, tous immédiate-ment nous donnèrent des galettes de cassave; ils défilèrent devant moi avec cette allure digne qu'ont les hommes de leur race. Je fus donc ravitaillé par ces bons Indiens, mes compères.

En sortant de l'Apiaï, on marche à l'ouest, se rapprochant ainsi de la chaîne centrale. Le chemin détrempé, glissant, je ne pus atteindre le rio Sopinga, où j'avais l'intention de bivouaquer ; je fus forcé de bivouaquer au torrent du Diable, une vieille connaissance, ainsi appelé d'abord par son impétuosité et par les blocs d'une roche noire, sonore, phonolithe, qu'il charrie. Rien de curieux comme ces fragments énormes donnant à la plage un aspect lugubre. On dirait des menhirs ; quelques-uns ont les formes les plus bizarres.

Il faisait clair de lune, nous étions couchés, sans abri, mouillés, au pied d'une roche, souffrant de la faim et du froid, état favorable aux hallucinations. Nous crûmes apercevoir à une centaine de mètres du bivouac un homme aux trois quarts caché par un rocher et semblant nous épier. J'envoyai le brosseur en reconnaissance ; une illusion ! Les apparences de mouvement de cet être fantastique provenaient du déplacement des ombres portées par la lumière de la lune; la fatigue était cause de ces impressions.

Rassurés, nous aurions pu dormir sans l'invasion des *Jejenes*, mouches microscopiques, dont l'attaque est incessante.

Le lendemain, nous sortîmes del Diablo. Il pleuvait. Je cheminai à pied. Arrivés au rio Sopinga, nous le trouvâmes en pleine crue; il fallut attendre pendant six heures la baisse des eaux.

Il y avait là, depuis deux jours, un muletier, conduisant un chargement de cacao, attendant aussi. Dès que le torrent me parut guéable, je me déshabillai et je me risquai. La mule hésita d'abord; enfin elle parvint sans accident sur la rive opposée; nous réussîmes aussi à faire passer les charges du muletier; le brave homme m'accabla de bénédictions et me recommanda à tous les saints.

L'arrêt éprouvé au rio Sopinga m'empêcha d'aller jusqu'au Quinchiú. Je pris gîte dans la Estancia de Juan Romero, où ma monture put se gorger de canne à sucre. La bonne bête avait besoin d'un aussi excellent fourrage.

Après avoir traversé à pied des bourbiers profonds, je parvins, par une pluie battante, sur un alto d'où je descendis en me laissant glisser dans la vallée du rio Opirama où j'arrivai, couvert d'une argile rougeâtre, dans un état indescriptible ; une Indienne d'un âge mûr (25 ans), m'aida à me déshabiller ; puis elle entreprit avec succès de me débourber ; elle appela ensuite son mari pour qu'il vînt admirer la blancheur de ma peau. Il n'y avait d'ailleurs rien d'inconvenant à cela, étant tous les trois dans le même état de nudité.

J'étais si près d'atteindre le but de mon voyage, Rio Sucio, que je ne me pressais pas de me remettre en route. Il fallait d'ailleurs faire sécher mes vêtements. J'avais bien dormi, quoique couché sur une simple natte et n'ayant pour drap qu'un journal anglais le *Morning-Herald* préservé de l'humidité pendant mon voyage. On y lisait la liste des mets consommés dans un banquet offert au lord-maire par la corporation des tailleurs : soupe à la tortue, rosbif, pâtés, etc. C'était comme une ironie du sort ; une galette de cassave, une tortilla de maïs ne m'en parurent pas moins agréables ; j'avais au reste de la chicha, le vin des indigènes, et du tabac.

Des Indiens me firent une visite ; leur physionomie présentait quelque chose de rude, leurs ancêtres étaient anthropophages : braves gens, du reste et fort serviables.

J'ai eu, pendant longtemps, un jeune Quinchiù à mon service, drôle de garçon ! C'était lui qui aimait les singes rôtis qu'il prétendait ressembler fort aux petits enfants ; il réclamait, pour sa part, l'intérieur des pattes de ces animaux.

Tant qu'il resta chez moi, je ne lui donnai pas de livrée. Il me servait entièrement nu. Cependant à la Véga, ayant eu à recevoir de jeunes misses, et craignant qu'elles ne fussent choquées de sa nudité complète, je lui fis faire une chemisette, un caleçon et une veste en calicot. Or il arriva ceci ; c'est qu'aussitôt qu'il eut des poches, il commença par me dérober de petits objets sans le moindre scrupule. J'en fus quitte pour faire visiter chaque soir ses vêtements et quand les misses furent parties, je le remis à nu. Plus de poches, plus de larcins.

Cette sorte de sauvage témoignait une anti-
pathie marquée pour certaines odeurs. Une fois
que je lui donnai un morceau de fromage de
Chester, il le cracha immédiatement en me
demandant comment un chrétien comme moi
pouvait manger de la m...

Avant de partir de Quinchiú, j'allai voir la
saline, puis l'église, où je fis une trouvaille bien
inattendue, qui me mit en bonne humeur.

Lorsque, pour la première fois, il y avait deux
ans, je franchis la forêt d'Anserma, je couchai
à Quinchiú. J'avais dans mes bagages une can-
tine d'officier renfermant tout le nécessaire
pour faire la cuisine et le service de table dans
un campement : marmite, théière, plats, as-
siettes en fer-blanc, flacons à liqueurs, etc., et,
objet de mes prédilections, une paire de chandeliers en laiton des plus portatifs, les bo-
bèches pouvant être logées dans les pieds s'ajus-
taient en tabatière : un vrai bijou.

Le jour suivant, au moment du départ, les
précieux chandeliers manquèrent. Je constatai
aussi qu'on m'avait dérobé un foulard rouge
des Indes et ma brosse à dents. Les recherches

pour découvrir le larcin furent inutiles, cette
année. Or quel ne fut pas mon étonnement, en
entrant dans l'église, de voir mes chandeliers
sur l'autel, à côté d'une image de la Vierge
sculptée en bois, portant mon foulard comme
manteau; enfin tout y était, jusqu'à la brosse à
dents, que la vierge immaculée pressait contre
son cœur.

Je repris mes chandeliers, mais je ne voulus
pas dépouiller la nuestra señora de son manteau, je la laissai également en possession de
ma brosse à dents. On voit que le voleur avait
agi dans une bonne et sainte intention.

J'arrivai, à 3 heures à Rio Sucio de Engurumi.
Je descendis chez mon ami le curé Bonafonte,
qui s'empressa de mettre à la broche un superbe
dindon et de me faire boire au débotté, d'un
seul trait, le vin d'une dizaine de messes. Je
repris mes fonctions de sonneur; rien n'était
changé. J'admirai le superbe baudet étalon,
plus meurtri et plus mal peigné que jamais,
dont l'industrie érotique subvenait largement
aux frais du culte et à l'entretien du clergé et,
comme disait la maïsera Manuelita, en me mon-

trant l'animal à l'œuvre : « Si nos maris avaient sa vaillance ! »

Après un repos dont j'avais réellement besoin, je me mis à organiser le service des mines. Jamais, je crois, je ne déployai autant d'activité, autant d'énergie. Un parti d'une centaine de mineurs et d'ouvriers, envoyés d'Angleterre, avaient remonté le rio Magdalena sous la conduite de M. Bodmer. L'expédition eut à souffrir de l'insalubrité du climat : presque tous les hommes eurent la fièvre ; un jeune médecin et sa femme succombèrent à Monpox.

Le matériel consistant en fers, machines-outils, etc., fut dirigé de Honda sur Marmato par la montaña (la forêt) de Samana, dont le point culminant est le páramo de Sonson (alt., 3 234 mètres). Un mulet portant quatre arobas (100 livres espagnoles = 45^k,900) mettait neuf à dix jours pour arriver au village et quatre jours pour atteindre Marmato. Le capitaine Walker dirigea le transit. Le personnel suivit le chemin de Hervé, ayant en tête le Dr Jervis, encore atteint des fièvres et devenu, par suite de ses souffrances, un déterminé mangeur d'opium.

Il était arrivé avant moi à Supia, je ne le reconnaissais plus : sa vive intelligence était éclipsée, c'était maintenant un idiot ; heureusement que l'amour le guérit.

Il n'était pas aisé de construire, sur la pente abrupte du Cerro de Marmato, des baraquements, pour caser mon monde. A Supia. il fut facile de loger les laveurs d'étain destinés à exploiter par leurs procédés l'alluvion aurifère, mais on fut forcé de faire des terrassements pour établir les bocards, les moulins et, avant tout, les ateliers de construction, car nous avions besoin de roues à auget d'un grand diamètre.

J'aurais dû être partout. Pour faciliter la surveillance, je construisis, avec l'aide des ouvriers européens, trois résidences des plus modestes : charpente en tiges de guaduas, et fougères arborescentes ; toiture en feuilles de palmier, mes mobiliers consistaient en tables et tabourets. Je me trouvais très bien, au reste, de la nudité de mes appartements.

Voici les stations choisies pour la célérité du service :

1° *Rio Sucio de Engurumi*, près des mines

de Quiebralomo ; altitude , 1 818 mètres ; température moyenne, 20°.

2° *Véga de Supia*, résidence principale, sur l'alluvion aurifère ; altitude, 1 225 mètres ; température moyenne, 23°.

3° *Marmato*, sur les travaux dirigés dans les gîtes de pyrite. Altitude de la maison que j'habitais, 1 426 mètres ; température moyenne, 21°.

Jusqu'à ce que mes habitations pussent être habitées, je m'établis dans une dépendance des mines d'argent abandonnées de Sachafruto (alt., 1 709 m. ; temp. moy., 20°,5), demeure isolée en pleine forêt, à mi-chemin de Marmato et de Supia, près d'un joli ruisseau.

Je trouvai, à l'entrée des souterrains, plusieurs tas de pacos, dont je retirai, par le lavage, du mercure argentifère.

J'avais un singulier voisin, un gros serpent de 1 mètre et demi de long ; c'était un trayavenado, une sorte de boa avaleur de cerfs. Je le voyais généralement le matin, glissant dans le torrent, lorsque après une chasse nocturne, il regagnait le gîte qu'il avait choisi, dans une galerie de la mine. Plusieurs fois j'eus l'idée de le tuer ; mais, après tout, il ne me gênait en rien, et comme probablement il me débarrassait d'animaux incommodes, je le laissai vivre.

Dans l'Amérique méridionale, les grands serpents sont moins redoutables que les petites espèces qui ont, le plus souvent, des crochets venimeux, ainsi que je pus bientôt m'en assurer.

J'étais à Supia, je donnais à dîner aux officiers des mines ; on était au dessert ; quand le domestique appuya tout à coup sa serviette sur un plat chargé de fruits : « Un serpent », cria-t-il tout effaré, puis il nous montra un mince reptile d'une bonne force, nommé, à cause de sa couleur, atabajado (couleur de tabac). On le mit dans l'alcool ; il figure maintenant dans les collections d'histoire naturelle à Paris : c'est un serpent dont le venin agit, assure-t-on, avec une grande promptitude.

Après mon organisation définitive, l'hacienda del Rodeo était une oasis où j'allais me reposer du tracas des affaires. J'y avais installé une sorte d'observatoire et un laboratoire. C'est là que je crois avoir constaté que, dans la région équatoriale, l'hygromètre à cheveu suit une marche des plus régulières. Pendant une belle journée, à partir du lever du soleil, l'aiguille indicatrice avance, graduellement, vers le point de sécheresse, puis, après être restée stationnaire, elle se dirige vers 100° maximum de l'humidité jusqu'à la nuit. Si, dans la matinée, son mouvement vers ce point est interrompu, si l'aiguille reste stationnaire et, à plus forte raison, si elle marche vers l'humidité, on est à peu près certain, quel que soit l'état du ciel, qu'il pleuvra dans l'après-midi; le baromètre ne fait absolument rien prévoir. C'est l'hygromètre que je consultais, lorsque j'avais un conseil à donner au Saint Sébastien du Padre Bonafonte pour savoir si le moment était venu de demander la pluie ou la sécheresse.

Le Rodeo fut pour moi un lieu de délices. Cette solitude était mon paradis, avec son serpent; et, il faut l'avouer, avec une Ève charmante qui m'assistait dans mes observations.

Les travaux relatifs aux mines de Marmato furent poussés activement; on abattit des arbres, on établit des scieries pour les débiter. C'est dans la partie la plus élevée de la forêt qu'on opérait, afin de faire arriver plus facilement les matériaux sur les emplacements où ils devaient être utilisés.

Bien qu'environnés de forêts, le bois nous coûtait aussi cher et même plus cher qu'en France, à cause du haut prix de la main-d'œuvre, et des difficultés du transport.

Je montai à Marmato un laboratoire pour les essais d'or et d'argent, muni de tous les ustensiles nécessaires, et une fonderie pour convertir l'or en poudre et en lingots.

Une de mes principales occupations fut d'assurer l'eau nécessaire au service.

Le ruisseau dont on disposait était peu abondant ; heureusement qu'on avait une chute disponible d'environ 1 000 mètres. C'était la différence de niveau entre le rio Cauca et la Sequia de l'Agua d'Ovispo, ce qui permit de superposer les bocards et les laveries.

Je m'occupai à faire déblayer la conduite du rio Ovispo, près du faîte de la montagne ; et je procédai à d'importantes captations.

Durant ces travaux, il survint un éboulement de terre meuble qui nous enterra jusqu'aux genoux. Il n'y avait pas de danger imminent, mais Davy, un brave Gallois, constructeur de moulins, eut un tel saisissement qu'il en résulta un *volvulus* (tortillement d'intestins).

La Dr Jervis, que j'appelai aussitôt, jugea l'état désespéré, si le malade ne consentait à subir une opération grave. Le pauvre homme refusa; le mal fit des progrès rapides. Il expira en appelant sa femme et ses enfants qu'il avait laissés dans le pays de Galles.

Ce fut une bien triste scène; je me reprocherai toujours de ne pas avoir fait opérer le malade sans son consentement (contre son gré). Dans ma situation, je pouvais agir comme je l'entendais; je ne le fis pas, et j'eus tort.

J'ai dit, je crois, quel était le travail exécuté par les nègres pour extraire l'or de la pyrite : un débourbage et un broyage à la molette.

Le minerai, amené à un grand état de ténuité, était jeté dans une sorte de canal en bois recevant un mince filet d'eau. Le laveur ramenait la pyrite vers la tête du canal, jusqu'à ce qu'il la jugeât suffisamment concentrée, enrichie.

Alors on en extrayait l'or en poudre en le lavant par petites parties dans le plat conique en bois nommé *batea*.

Quelle était la perte en or dans ce procédé d'une lenteur désespérante? Il est à peu près impossible de le savoir; les quelques tentatives que je fis pour la connaître donnèrent des résultats qui n'inspiraient aucune confiance.

J'attendis, pour reprendre la question, qu'un bocard fût achevé. Je me livrai alors à une longue et pénible série de recherches, lorsque, indépendamment du bocard, j'eus installé un laboratoire bien organisé, muni de ses instruments de précision, de manière à essayer l'or et l'argent avec autant d'exactitude que dans les laboratoires des Monnaies.

Le métal, en poudre, très impur, nécessairement, extrait par le lavage final à la *batea*, était fondu au fourneau à vent en lingots dont on déterminait le titre ou la teneur en or et en argent.

Je ne saurais décrire ici les travaux que j'exécutai, avec le concours dévoué des agents placés sous mes ordres. Je me bornerai à faire connaître quelques données générales sur la richesse — il serait peut-être plus exact de dire sur la pauvreté des minerais soumis au traitement.

En effet, leur teneur en or ne dépasse pas 0,00005.

Sur les *tyes* anglais, tables ou caisses à laver les schlichs, cette teneur était portée à 0,00012 ; toutefois l'avantage de cet enrichissement disparaissait pendant le lavage final exécuté à la main ; aussi cette opération fut-elle remplacée par l'*amalgamation* de la pyrite concentrée dans un *arrastre* mexicain. La perte fut réduite par ce moyen, mais on ne retirait encore que les 0,60 de l'or contenu.

C'est ce qui fut établi par une expérience exécutée sur 4113 tonnes anglaises sorties des mines du Salto. Le rendement maximum fut de 0,71 ; le rendement minimum de 0,30. La perte moyenne, en or, de 0,40 est la somme des pertes partielles survenues dans l'ensemble des opérations : bocardage, lavage sur tables ou *tyes* et amalgamation dans l'arrastre.

Comme une preuve de l'activité qui présida à

la construction des usines et à l'exploitation,
dans le cours de l'année 1831, on avait extrait
et traité à Marmato 4 368 tonnes de pyrite, là,
où une année auparavant, il n'existait pas la
moindre construction.

L'alluvion du *llano* de Supia continua à être
lavé par des nègres esclaves, dont on payait les
journées à leurs maîtres.

Ainsi que je l'avais prévu, les laveurs de minerai d'étain venus d'Angleterre ne purent supporter ce rude et insalubre travail. Il fallut les
utiliser dans le travail de la pyrite.

On commença, sous mon administration,
l'exploitation des gisements de Quicbralomo.

Quelques années plus tard, ils produisirent
de fortes quantités d'or. L'opinion que j'avais
émise dans mes rapports sur l'importance de
ces mines se trouva justifiée.

On comprendra l'activité déployée dans les
travaux de Marmato, en jetant les yeux sur les
plans et coupes du Cerro.

Là où, sur une pente abrupte, on n'apercevait que quelques misérables cases d'esclaves,

on vit surgir une usine donnant, en 1832, par
mois, 32 livres d'or en lingots.

La population noire ne suffisait plus pour le
travail. On attira des manœuvres de la province
d'Antioquia ; ils arrivaient, apportant avec eux
pour quinze jours de vivres, puis ils s'en re-
tournaient chez eux pour revenir ensuite.

Pour fixer les ouvriers, il fallait leur assurer
des subsistances. C'est alors que l'on mit en état
une grande culture de bananiers dans l'*hacienda* du Cucurusapé, sur les bords du Cauca.

On encouragea les défrichements pour y se-
mer du maïs, des yuccas, des légumineuses. Le
commerce d'Antioquia apporta bientôt de la farine de froment, du cacao, du café.

C'est en organisant cette agriculture tropi-
cale que je compris que l'on devait demander à
la terre les aliments indispensables à la population, en un mot qu'il fallait cultiver pour
vivre.

De cette époque datent mes études sur l'agro-
nomie.

Je consignerai maintenant les événements

survenus durant ma résidence dans le district de la Véga de Supia et les observations que j'ai pu faire sur la météorologie de cette contrée, une des plus humides de l'Amérique méridionale.

Les orages y sont fréquents et se manifestent surtout aux époques où, à midi, le soleil passe presque au zénith, c'est-à-dire quand la déclinaison boréale est de 5 à 7°. Aussi la foudre y occasionne-t-elle de graves accidents. Le bruit du tonnerre est quelquefois formidable et prolongé. Cet effet est dû aux échos des montagnes, comme l'admettent les physiciens. J'en ai eu la preuve au commencement de septembre, dans un orage épouvantable qui éclata dans l'après-midi. Les roulements persistaient durant 10, 15 et 20 secondes. Le temps se mit au beau. Le soir le ciel était étoilé. Je fis alors tirer des coups de fusil qui produisirent un roulement aussi prolongé que l'avaient été ceux occasionnés par le bruit du tonnerre. On entendit parfaitement les explosions d'armes à feu à Rio Sucio de Engurumi, située beaucoup au-dessus de la Véga. Il était 9 heures; le thermomètre marquait 16°, l'hygromètre à cheveu 84°.

On signale, près de la Véga de Supia, un site renommé par la fréquence des chutes du tonnerre; c'est Tumba Carreta, sur la route de la mine de Botafuego près Quiebralomo. Bien des habitants, assure-t-on, y auraient perdu la vie. J'ai eu une bien triste occasion d'ajouter foi à l'opinion des gens des pays.

En passant par Tumba Carreta, je fus assailli par un orage à mi-côte de la Subida. Il tonnait fort, j'étais environné de tous côtés par les éclairs; mon cheval désobéissait à l'éperon, quand je vis tomber un jeune nègre qui me précédait de quelques pas. Je mis aussitôt pied à terre pour lui porter secours : ce fut inutilement : il avait été tué raide. Arrivé un peu plus loin, vers une habitation, j'envoyai des gens pour relever le malheureux et le faire enterrer.

A la Véga de Supia, le tonnerre tomba une fois la nuit sur ma résidence et incendia la toiture en feuilles. Maria, une négresse esclave, fut tuée dans son lit; la pauvre fille devait être libérée le lendemain; elle tenait dans ses bras son enfant âgé de 3 ans, bien portant et profondément endormi sur le cadavre de sa mère.

Au Rodeo, dans un orage arrivé à 5 heures

du soir, la foudre tomba à 200 pas de mon habitation, sur des broussailles. J'étais précisément sur ma porte pour admirer l'ampleur des éclairs. Pendant dix minutes, j'entendis nettement, entre chaque coup de tonnerre un bruissement rappelant ceux des étincelles sortant d'une puissante machine électrique.

Dans la profonde et chaude vallée du Cauca, les orages atteignent des proportions grandioses, effrayantes.

Je me trouvais à Marmato. La pluie n'avait pas cessé depuis une quinzaine de jours. Il tonnait presque continuellement. Le Cauca avait tellement grossi que le fracas des eaux charriant d'énormes blocs de pierre troublait notre sommeil, bien que nous fussions à près de 700 mètres au-dessus de l'Hacienda de Muraga.

Au reste, les sinistres causés par la foudre sont très communs dans toute la vallée depuis Popayan jusqu'à Antioquia. Le nombre des personnes tuées pendant les orages est vraiment considérable si l'on a égard au peu de densité de la population.

Les oscillations du sol sont tellement fréquentes dans les Cordillères, que j'ai pu affir-

mer que des montagnes de la Californie à celles
du Chili, la terre est dans un état incessant
d'agitation.

Les fortes trépidations sont celles que l'on signale parce que ce sont les seules que l'on per-
çoit bien ; mais l'aiguille aimantée, suspendue
à des fils de soie non tordus, accuse presque
chaque jour les mouvements du terrain, comme
je l'ai reconnu en observant les variations ma-
gnétiques diurnes avec une boussole de Gambey
établie au Rodeo d'abord et ensuite à Marmato.

Je mentionnerai uniquement deux tremblements de terre remarquables par leur durée et
leur intensité. Déjà j'ai décrit la terrible situation dans laquelle je me suis rencontré, alors
que j'inspectais les travaux des mines d'or du
Salto, où j'eus le bonheur de maintenir l'ordre
et de ramener au jour une centaine de mineurs
affolés en les faisant passer un à un par une
étroite galerie de 300 mètres de long où, sans
aucun doute, ils auraient tous péri étouffés, si
je n'étais parvenu à dissiper la terreur que jus-
tifiaient d'ailleurs les *bramidos* sinistres, les
bruits souterrains auxquels se joignaient les

clameurs, les prières, les chants funèbres d'une multitude égarée.

Dans une mine, un tremblement de terre est d'autant plus effrayant qu'on est entouré, enveloppé d'une masse de roches en mouvement. Le mineur a devant lui l'image du tombeau où il va être enseveli.

Les deux tremblements de terre dont je vais parler ont été observés à la Véga, dans une situation calme, par la raison que ma maison, étant couverte en *palmiche* je ne courais aucun danger.

Le premier eut lieu le 10 octobre 1827 à $4^h,25$. La secousse fut instantanée et extrêmement forte; le mouvement semblait procéder du S.-E. au N.-O.

Le second arriva le 16 novembre de la même année, à 6 heures du soir. Ma maison fut ébranlée; j'étais à écrire. Comme le mouvement continuait, je sortis et je vis mes domestiques en prières, chantant le fameux cantique :

Santo Dios, santo fuerte, santo immortal
libra nos de todo mal.

Je rentrai chez moi et je commençai à compter le temps sur mon chronomètre. La terre trembla encore pendant 3 minutes. Je ne crois pas exagérer en disant que les oscillations horizontales du S.-E. au N.-O. durèrent 6 minutes en tout.

J'appris depuis qu'à Bogota, à la même heure, le sol avait été ébranlé durant 8 minutes.

Il y a peu d'exemples de tremblements de terre aussi prolongés et la circonstance d'avoir suivi l'aiguille d'un chronomètre suffit pour établir de la manière la plus certaine que le phénomène eut une durée anormale.

Pendant que la terre tremblait, j'eus l'occasion d'observer plusieurs animaux; deux chèvres restèrent paisiblement couchées; deux mulets, un cheval continuèrent de paître; un chien, dont j'aurai bientôt à raconter la triste fin, continua à dormir, et un chat, profitant du désordre survenu dans la maison, déroba, dans la cuisine, un morceau de bœuf qu'on destinait à la broche.

J'ai inscrit ces détails, parce qu'on a prétendu que les animaux sont fort effrayés pendant les tremblements de terre. Un cavalier m'a assuré que le cheval qu'il montait s'était arrêté lorsque le sol vint à trembler dans le trajet qu'il avait à parcourir. Rien de semblable n'est arrivé autour de moi le 16 novembre.

A peine étais-je rentré, qu'un domestique vint m'engager à sortir, parce qu'il partait du ciel un bruit qui n'était pas le tonnerre. J'entendis effectivement des détonations semblables au bruit lointain du canon mais sans roulement. On n'apercevait aucune lumière. L'intervalle de temps entre deux coups était fort régulier : 30 secondes environ. Je comptai 10 détonations; les gens restés dehors en avaient entendu 6 avant moi. Le ciel était découvert.

Le courier venu du Sud, le 25 novembre, m'informa que le tremblement de terre avait été très fort à Cartago, à Buya et surtout à Popayan. De Cartago on m'écrivit que chaque détonation résonnait comme un coup de canon de 24. Plus au sud de cette ville, l'intensité du son fut moindre et on ne signala aucune éruption dans le volcan de Pasto.

La cause de ces bruits dans l'air n'a pas été expliquée.

J'ai promis de conter la triste histoire du chien qui dormait pendant le tremblement de terre; la voici : c'est le premier cas de rage canine dont j'aie été témoin.

Azor avait accompagné un parti de mineurs venant d'Angleterre. Il avait remonté le rio Grande de la Magdalena, passé la Cordillère centrale par la route du páramo de Hervé. Magnifique danois, jaune, doux, il était devenu le chien de tout le monde, mais il habitait surtout avec moi, et s'était fort attaché à mon cheval.

Un jour, je le trouvai couché sous un banc posé à l'entrée de ma maison du Rodeo. Je l'appelai et lui, d'ordinaire si caressant, ne bougea pas. Je voulus alors le faire déguerpir : aussitôt il s'élança furieux en saisissant la canne qui m'avait servi pour cela; il la mordit si fort que je pus l'enlever avec et le jeter dehors.

Mon bon petit cheval était, comme de coutume à la porte, attendant que je lui permisse d'entrer dans la salle à manger; car lorsque j'étais seul, nous dînions ensemble, il mangeait tout le dessert. Azor se jeta sur la pauvre bête qu'il mordit cruellement à la ganache, puis le chien et le cheval partirent à toute vitesse vers le

Mano. Sur la route, le premier mordit encore un enfant, un négrillon, puis plusieurs vaches qui paissaient sur la prairie.

J'avais expédié dans toutes les directions l'ordre d'abattre le chien : il fut tué par un mineur anglais. Je visitai le pauvre négrillon qui mourut enragé au bout de quelques jours. Plusieurs vaches périrent aussi de la rage.

Quant à mon excellent cheval, je ne le revis plus ; il s'était enfoncé dans la forêt, et ce ne fut que deux mois après qu'on retrouva ses restes. Il n'y avait pas d'erreur possible sur l'identité. Dans le pays, c'était le seul cheval qui fût ferré et les fers étaient parmi les ossements.

Il résulte de cet événement :

1° Que la rage s'était probablement développée spontanément chez le chien, le seul qui existât dans les environs ; je dis probablement parce que l'animal pouvait avoir été mordu en Europe ou pendant le voyage. Or on sait avec quelle lenteur le virus rabique s'insinue quelquefois dans l'organisme.

2° Que la rage s'était manifestée sur le che-

val, sur le nègre, et sur les vaches immédiatement après la morsure. On affirmait qu'avant
de disparaître l'animal mordit plusieurs vaches.
Si le fait était bien constaté, ce dont je doute, il
en résulterait que la rage se communique du
cheval à l'espèce bovine.

Nous eûmes, à Marmato, un accident qui aurait pu avoir de terribles conséquences.

C'était le 23 octobre 1828, à 2 heures après-
midi. Un bloc de roche de plusieurs mètres
cubes se détacha de la partie la plus élevée de
la montagne et descendit en bondissant au-
dessus des usines pour s'arrêter aux bords du
Cauca. Personne ne fut atteint et les dégâts se
réduisirent à peu de chose.

Ces chutes de roche sont fréquentes dans les
terrains de grünstein et de roche porphyrique.
J'ai déjà cité un éboulement de ce genre : l'écrou-
lement du Cerro de Tacon, qui ensevelit tous les
habitants d'un village indien.

Lors des pluies torrentielles, le séjour sur la
pente abrupte de la montagne de Marmato n'est
pas sans danger.

Nous eûmes une fois ce que nous nommions

la *noche triste*. Pendant la nuit, vers 11 heures, une trombe éclata au-dessus du canal d'Agua Ovispo, accompagnée d'un violent ouragan. J'étais à Marmato, heureusement peut-être, car je pus organiser le service et maintenir l'ordre.

La pluie tombait si dru qu'on ne respirait qu'avec peine; la pente du Cerro était ravagée par un torrent de pierres. Tout le personnel se réunit autour de moi; et j'indiquai à chacun ce que je croyais utile, pour conserver nos constructions. Je restai perché, durant toute la bourrasque, sur un bloc de rocher, soutenu par deux nègres vigoureux. On ouvrit les vannes, on fortifia les murs avec des charpentes, les commandements étaient promptement exécutés, et je puis le dire, avec beaucoup de sang-froid. Plusieurs bocards furent démontés; les laveries bouleversées; mais on parvint à retenir les épaves résultant du désastre.

Je passai quelques heures dans une grande inquiétude, et ce fut avec une vive satisfaction qu'en faisant l'appel après la bourrasque, on trouva qu'il ne manquait personne. Nous étions dans un état indescriptible, mouillés à fond et couverts de boue. Heureusement la pluie dont nous fûmes inondés n'était pas froide. Sa température ne descendait pas au-dessous de 19°, celle de l'air étant de 22°.

La population des travailleurs sous mes ordres consistait en nègres esclaves, en nègres libres, en mulâtres et métis. C'était, dans mon isolement, une grande sécurité : des gens sobres, soumis, dévoués, et tenant en respect les 150 ouvriers européens, hommes turbulents, la plupart adonnés à la boisson.

J'eus avec eux deux affaires désagréables :

Une fois, les torrents grossis dans la Cordillère de Hervé empêchèrent d'arriver à temps les courriers qui apportaient les fonds expédiés de Bogota pour le paiement des ouvriers. Les mineurs et les ouvriers anglais se mirent en grève, puis m'envoyèrent une députation pour réclamer leur argent. Je me trouvais au Rodeo. Je les vis gravir la montée conduisant à l'habitation. Je les reçus en robe de chambre, en leur enjoignant de s'arrêter et de jeter les bâtons sur lesquels ils s'appuyaient, ce qu'ils firent aussitôt.

Ayant alors expliqué à leur orateur, un mauvais drôle, la cause du retard du paiement, ils se retirèrent en murmurant qu'ils ne travailleraient que lorsqu'on leur donnerait de l'argent. Les fonds arrivèrent deux jours après leur réclamation, et lors de la paye, ils eurent à subir une retenue pour le temps durant lequel ils s'étaient absentés des travaux.

La seconde affaire fut bien plus sérieuse.

A 4 heures du matin, étant à Rio Sucio de Engurumi, je fus réveillé par un alcade venu au galop de la Véga de Supia. Les Anglais voulaient brûler la ville; ils se promenaient dans la rue principale et unique avec des torches allumées, ils n'attendaient, pour pendre le curé, que d'avoir mis le feu à l'église.

— Mais, dis-je à l'alcade, le capitaine Walker est à Supia, que ne vous êtes-vous adressé à lui, il aurait rétabli l'ordre.

— Ne le croyez pas, don Juan, me répondit le pauvre magistrat tout tremblant, le capitaine est à la tête des révoltés, il est ivre à ne pas se tenir debout; si vous tardez, Supia sera détruit, l'église et les saints brûlés, le curé pendu.

Mon brosseur avait sellé ma monture, pendant

que je m'habillais, apprêté l'aiguille, renouvelé l'amorce de mes pistolets; jamais je n'avais descendu de Rio Sucio à la Véga avec une telle rapidité; il faisait encore très nuit quand nous arrivâmes. L'église était ouverte et illuminée. J'y entrai à cheval; ayant mis pied à terre, je demandai le capitaine Walker. Il arriva bientôt, passablement oscillant; excellent garçon, si doux, si érudit; il se mit à pleurer dès qu'il m'aperçut.

Bien que cela me fût pénible, je le fis mettre au *Cepo*. C'était, après tout, un service que je lui rendais que de le soustraire au milieu qui le mettait en avant.

Puis je commençai immédiatement une enquête, sans m'asseoir. Budge fut le premier que j'interrogeai. C'était un individu aux yeux bleus, à la physionomie d'un fourbe. Il déposa que le curé s'était vanté d'avoir régalé les Anglais avec de l'eau-de-vie lui ayant servi à prendre un bain de pieds. Cette vanterie dégoûtante n'était certainement pas vraie, mais elle avait exaspéré les Anglais. La plupart des compagnons de Budge dormaient par terre dans un état d'ivresse tel qu'il fut impossible de les réveiller. Quant au curé, que je voulais entendre avant d'envoyer un rapport à son évèque, on ne parvint pas à découvrir sa cachette. Je le fis chercher par des auxiliaires que j'avais organisés pour le cas où les ouvriers étrangers auraient fait de la résistance.

De Rio Sucio, au moment où j'en sortais, j'avais expédié à Marmato l'ordre de réunir les mineurs nègres et de les diriger, armés de leurs machetes (coutelas), sur la Véga de Supia.

Ils arrivèrent bientôt; mais leur intervention ne fut pas nécessaire. Tout se passa avec un grand calme. A 9 heures, la cabilde (municipalité) vint me remercier d'avoir sauvé la ville de l'incendie et du pillage.

Je n'avais rien sauvé! C'était un désordre causé par des hommes ivres, ayant entraîné un de leurs chefs qui, au lieu de les faire rentrer dans le devoir, s'était associé à leur inconduite.

Walker m'écrivit, quand il fut dégrisé, une lettre fort touchante. L'ayant fait mettre en liberté, je l'envoyai à Sonson, pour surveiller le transport du matériel. Quelques mois après, le malheureux jeune homme mourut de la suite de ses excès; j'eus l'occasion de le voir encore une fois avant sa mort. Il était méconnaissable à ce

point que je pus écrire à un ami commun :
« Walker n'est plus qu'une masse de chair im-
prégnée d'alcool. »

Je dois rapporter ici un trait caractéristique
des mœurs du pays où je vivais :

Un dimanche matin, je me trouvais sur la
porte de ma maison de Marmato, lorsque je remarquai deux hommes sortant d'une caserne
d'ouvriers et se disputant vivement. Puis l'un
d'eux tira son cuchillo (poignard) et le plongea
jusqu'à la garde dans le cœur de son adver-
saire.

La mort fut instantanée. L'assassin, tenant
son arme à la main, menaçant ceux qui essayaient
de lui barrer le passage, parvint, avec la célérité d'un cerf, au sommet de la montagne où il
disparut dans un fourré. Toutes les poursuites,
toutes les recherches demeurèrent sans résultat.

Le meurtrier était un jeune garçon généralement aimé; il se nommait Vanégas. C'était le
fils d'un guide très expérimenté avec lequel
j'avais traversé plusieurs fois la Cordillère centrale, et que, depuis, j'employais souvent pour
des missions de confiance. Le meurtre avait pour

cause une querelle de jeu. La justice informa.
Les pièces du procès furent envoyées à Popayan, et, deux mois après, il y eut sentence de
mort prononcée contre Vanégas et ordre transmis à l'alcade de faire exécuter le coupable. Mais
le meurtrier était libre : on n'avait pu, ou plutôt personne ne voulait l'arrêter; partout on
l'accueillait, on le protégeait; son crime n'était
que peccadille; il avait eu un mouvement de vivacité; et puis, circonstance atténuante, quel
beau coup de couteau!

Par une belle matinée, je me rendais de la
Véga à Marmato, je montais lentement la côte,
lorsque, arrivé près du Rodeo, un homme, armé
d'une lance, sortit brusquement de la forêt et
arrêta ma mule en saisissant la bride. Mon premier mouvement fut de tirer mon sabre, quand
je reconnus Vanégas qui, jetant son arme, me
baisa la main. Je lui fis connaître sa condamna-
tion, en l'engageant à quitter le pays, persuadé
qu'il serait fusillé si on venait à l'arrêter. Il m'apprit alors comment il vivait; changeant de gîte
chaque matin, bien accueilli partout, et il ajouta
que, plus d'une fois, il avait passé la nuit chez

moi, caché et choyé par mes domestiques.
J'avoue que je l'ignorais. J'insistai pour qu'il
s'éloignât, je lui donnai ma bourse. Il partit, et
je ne le revis que deux années après, dans la
province de Socorro, où il s'établit en changeant
de nom. Il avait bien réussi dans ses affaires et
était fort considéré. Je lui promis de donner de
ses nouvelles à son père. Ce pauvre garçon fut
tout heureux de passer quelques instants avec
moi.

Le tribunal se montra plus indulgent qu'il ne
l'avait été pour Vanégas dans une affaire ayant,
il est vrai, moins de gravité. Il s'agissait d'un
vol considérable d'or, commis par un mulâtre
libre, chef des lavages à Marmato. Il faisait cacher l'or en poudre dans les cheveux de la tête,
et aussi dans les cheveux d'une autre partie du
corps des négresses laveuses. Le système pileux,
par sa contexture de laine frisée, formait une
cachette où l'on pouvait mettre en réserve de
notables quantités du métal précieux. Après le
travail, il peignait les femmes.

Je fis surveiller le misérable et on constata le
délit. Les négresses avouèrent tout, et l'on exé-

cuta devant moi un bain de négresses dorées. L'or dissimulé tant sur la tête que dans l'endroit secret, s'élevait, pour une seule femme, à trois ou quatre onces d'or.

Je fis mettre le mulâtre en prison, un procès fut instruit et les documents envoyés à Popayan.

Le tribunal, considérant qu'un mois de prison préventive suffisait amplement pour punir un homme d'avoir volé un peu d'or (un poquito de oro), acquitta le prévenu. La justice locale me blâma d'avoir agi comme je l'avais fait. Il fallait, disait l'alcade, donner au coupable des coups de fouet jusqu'à ce qu'il eût restitué le métal qu'il avait dérobé.

Je terminerai ce qui concerne mon administration du district de la Véga de Supia, en rendant compte d'une mission dont je fus chargé à l'effet d'engager des Indiens du Choco à venir travailler aux mines.

C'est par cette mission qu'ont commencé mes relations avec les Indiens Chami.

Après m'être entendu avec le cacique et le curé de la mission, on m'envoya trois délégués

Chami qui, pendant deux jours, vinrent s'installer à Marmato, près des bocards ; ils restaient assis le derrière par terre, regardant sans aucun étonnement, avec l'apathie particulière à la race cuivrée, toutes les opérations auxquelles se livraient nos ouvriers.

Le matin du troisième jour, les Indiens vinrent me trouver et l'un d'eux me dit : « Nous pas vouloir travailler, nous partir. »

Je trouvai qu'ils étaient gens d'esprit, en préférant leur existence de grands seigneurs, passant leur temps à la chasse et à la pêche.

Je les congédiai, en leur donnant une bonne ration de sel, le présent le plus agréable qu'on pût leur offrir. Jamais on n'a pu amener un Indien à se livrer aux travaux des mines, à moins de les contraindre par la violence, comme l'ont fait les conquistadores.

En décembre 1830, je quittai la Véga de Supia pour n'y plus revenir, malgré les instances du gouvernement et les avantages pécuniaires que l'on m'offrît.

C'est ici la place d'un incident.

Lorsque mon départ fut décidé, une vieille

négresse, nommée Juana, âgée de plus de
75 ans, vint à moi pour me signifier qu'elle voulait acheter sa liberté ; elle était esclave d'une
congrégation, passant sa vie assise sur une
chaise ; on la nourrissait bien sans en exiger le
moindre travail. Elle me demanda de l'évaluer
conformément à la loi de manumission permet-
tant à tout esclave de se racheter. Je l'évaluai à
5 piastres, je crois (21 francs), tout en l'engageant à rester ce qu'elle était, libre de fait. La
vieille ne voulut pas y consentir.

Après s'être récriée sur le peu de valeur que
j'attribuais à sa personne, elle me dit que, moi
parti, elle ne voulait plus rester avec les Anglais
hérétiques.

Je lui octroyai sa lettre de liberté.

XI

Le *Choco* est situé à l'Ouest de la Cordillère occidentale des Andes, entre le 4ᵉ et le 8ᵉ degré, à l'embouchure du rio Mira; 1°35 dans le golfe de Darien; 8° latitude Nord.

Cette province est baignée par l'océan Pacifique et la mer des Antilles.

Le terrain est marécageux, sillonné d'une multitude de cours d'eau formant par leur réunion deux fleuves navigables ayant pour direction moyenne, l'un, le rio Atrato, le Nord, l'autre le rio San Juan, le Sud-Ouest.

Le Choco, par la disposition de son système hydrographique, est en communication avec les deux mers. C'est un pays peu habité et peu habitable, par suite de son excessive humidité. Aussi la terre y est à peine cultivée. Les voies de communication sont les rivières et les canaux naturels (*cañones*).

La population, composée en partie de nègres esclaves, ne dépasse pas 87500 àmes.

On y compte deux villes de quelque importance :

Quibdo, sur l'Atrato,

Novita, sur le San Juan.

Huit paroisses et vingt-cinq annexes formées par l'agglomération de quelques habitations.

Le Choco tire les substances alimentaires de la vallée du Cauca, de la province d'Antioquia, par des chemins ou *troches* de piétons traversant la Cordillère centrale.

Les marchandises d'origine européenne remontent le rio Atrato, et c'est par le rio San Juan qu'on introduit la viande desséchée, en lanières, et salée, le *tasajo*, qu'on prépare dans les environs du port de Charambirà.

Cette viande de bœuf, de porc, le maïs et la la panela sont la base de la nourriture des nègres employés aux travaux des mines.

L'exploration du Choco a commencé par

celle de la côte de l'océan Pacifique que Pizarro et Almagro reconnurent, depuis le golfe de San Miguel jusqu'à l'embouchure du rio Mira.

Balboa et Colmenarès visitèrent le golfe du Darien, pénétrèrent dans une ramification du rio Grande ou Atrato. Il est vraisemblable qu'ils ne passèrent pas au delà du point nommé la Altura de la Vijua.

Ce dut être un peu avant que Balboa, traversant l'isthme, découvrît la mer du Sud.

Plus tard, le licencié Pascual de Andagoya atteignit la baie de San Bonaventura. Nommé, en 1539, après un voyage en Espagne, gouverneur de San Juan, c'est-à-dire de la partie de la côte comprise entre le golfe de San Miguel et le rio San Juan, il parvint à l'embouchure du rio Dagua et, s'élevant dans la Cordillère, par la vallée del Salado, il arriva dans la cité du Cali, située dans la vallée du Cauca.

Déjà, en 1522, un habitant d'Anserma Viejo, Gomez Fernando, avait été autorisé à traverser la Cordillère occidentale pour découvrir les terres des Indiens Chocos. Son expédition n'eut aucun succès.

On ne trouve, dans les chroniques, aucun renseignement sur l'origine de l'occupation de l'intérieur du pays.

Cependant il paraît hors de doute que le Choco a été envahi progressivement par des nègres appartenant à des propriétaires de mines fixés dans les provinces d'Antioquia, du Cauca et de Popayan, qui envoyèrent leurs esclaves exploiter les riches alluvions aurifères qu'on y avait reconnues.

On peut dire que le Choco n'a jamais été occupé par les créoles espagnols, en ce sens qu'alors, comme de nos jours, ils n'avaient dans la contrée que des *reales de minas* où ils ne faisaient que de courtes résidences.

Le Choco proprement dit, les terres basses, chaudes et marécageuses, n'a peut-être jamais été habité par les Indiens Chocos. Ces indigènes demeuraient généralement, ainsi qu'ils demeurent encore, sur la pente de la Cordillère, à une altitude où la température est moins élevée. Ils parcouraient sans doute la région basse, comme ils font encore, pour y pêcher et chasser, le poisson étant, avec le gibier et le maïs,

qu'ils cultivent dans la montagne, leur nourriture habituelle.

Le climat du bas Choco est des plus insalu-
bres. Il y fait très chaud et il y pleut, pour ainsi
dire, sans interruption. Caldas attribuait ces
pluies persistantes à ce que la vapeur aqueuse
amenée par le vent de mer, était condensée par
le refroidissement qu'elle éprouvait en arrivant
à la Cordillère occidentale, formant comme un
barrage à l'air saturé d'humidité. La vérité est
que la pente des montagnes est presque toujours couverte d'épais brouillards qui n'en dé-
passent pas les sommets.

La présence du platine dans certaines alluvions aurifères me faisait désirer depuis longtemps de visiter une région si mal connue.

En mettant mon projet à exécution, je conti-
nuais d'ailleurs jusqu'aux rives de l'océan Pacifique l'exploration géologique que j'avais com-
mencée sur le littoral de Vénézuéla.

C'est d'Anserma Nuevo, où je résidais depuis
quelque temps, que je partis pour m'interner
dans le Choco.

Anserma est précisément à la base orientale
de la Cordillère, que je devais franchir. J'allais
rencontrer, dans cette traversée, les mêmes obstacles que j'avais eus à vaincre en pénétrant
de la vallée de la Magdalena dans celle du Cauca,
des sentiers presque impraticables, des torrents
et, de plus, des marécages, des bourbiers plus
profonds que ceux de Quindiú et d'Hervé.

Je trouvai, à Anserma, des cargueros métis
ou muletiers faisant habituellement les transports pour Novita. J'avais réduit mes instruments au strict nécessaire. Le plus encombrant
de mon voyage consistait en *tasajo* (viande desséchée), biscuit de maïs, riz, chocolat, car on
devait rester plusieurs jours dans la forêt et la
crue des torrents pouvait entraver notre marche.

Un jeune Anglais, John Lane, mon secrétaire;
un mineur nègre de Marmato, porteur d'une
malle contenant un sextant, un horizon artificiel, une boussole et des thermomètres, voya-
geaient avec moi.

Le baromètre, que j'avais comparé à mon
beau baromètre anglais à niveau constant, était
confié à mon brosseur Vicente. J'ajouterai que
la pharmacie avait été mise en état; car on

m'avait signalé le pays comme éminemment insalubre.

Quant au vêtement que j'adoptai pour la marche, il était en laine, à cause des pluies cons-
tantes auxquelles je devais être exposé, et léger, à cause de la chaleur, avec une rechange
complète des mêmes effets.

C'est le 11 février 1829, à 10 heures du matin,
que je quittai Anserma.

En sortant de la ville, nous remontâmes la
Quebrada de la Boca del Monte, que l'on passe
à gué un grand nombre de fois. On prit une
heure de repos dans une cabane, puis on se remit en route, en ayant toujours les pieds dans
l'eau, jusqu'au moment où nous arrivâmes, à
1 heure 1/2, à la côte nommée El pic de la Ca-
bezera où plusieurs petits ruisseaux entrent
dans la Quebrada de la Boca del Monte (alt. 1 092
mètres ; temp., 28°).

Nous étions seulement à 42 mètres au-dessus
d'Anserma Nuevo. Nous avions toujours marché
sur le schiste, d'abord peu feuilleté et quartzeux,
passant au schiste ardoisé bien caractérisé, plongeant de 45° à l'O., la même roche qu'on ren-

contre dans les rios de Totuy del Carnaveral.

De las Cabezeras, la côte nous conduisit à une misérable petite cabane abandonnée, la Raice (la racine) : c'est la première étape des cargueros venant d'Anserma. On y jouit d'une très belle vue sur la vallée du Cauca. À l'Est, on aperçoit Cartago. On était sur le schiste altéré, d'une couleur rouge.

Nous fîmes halte vers 4 heures (alt., 1 598 m. ; temp., 21°).

12 février. — Bien mauvaise nuit que celle passée à la Raice. Les zancudos nous dévorèrent et nous fûmes assaillis par un orage formidable.

Sortis de la Raice à 9 heures, nous continuâmes à monter jusqu'à el Osadero, où nous étions à 10 heures. Schiste toujours.

Alt., 1 899 m. ; temp., 24°.

A 11 heures, el Roble, schiste.

Alt., 2 080 m. ; temp., 21°.

Du Roble (chêne), on descendit, par un chemin affreux, jusqu'à Hondura del Ternero (trou du veau), schiste (alt., 1 727 m. ; temp., 29°5'').

De la Hondura, on gravit péniblement la côte

jusqu'à la Cieneguita (alt., 2518 m. ; temp., 18°).

A 5 heures, nous établîmes le bivouac. Nos porteurs de feuilles de bijado servant de toiture se trouvant en retard, nous reçûmes une forte averse, ce qui nous obligea à coucher sur un lit de feuilles mouillées. Nous aurions dormi profondément, malgré l'humidité, si les rugissements d'un lion n'eussent troublé notre sommeil.

Le sitio de Cieneguita, où nous étions campés, est une clairière entourée de chênes. La nuit avait été belle et je remarquai là ce que j'ai vu plusieurs fois ; c'est que, par l'effet du rayonnement nocturne des feuilles, il pleuvait abondamment dans la forêt.

13 *février*. — Partis de la Cieneguita à 8 heures, arrivés à l'Alto del Palo Gordo (gros arbre) à 9 heures et demie ; schiste très quartzeux. Alt., 2518 m. ; temp., 18°.

Nous avions, je crois, atteint l'arète de partage de la Cordillère. Le sentier devint fort étroit ; nous longions le bord d'un précipice peu rassurant par sa profondeur, El Voladero de las Pavas. Alt., 2485 m. ; temp., 18°,3, quartz noir.

A 11 heures, en suivant l'arête, la Cuchilla, nous atteignîmes el Carisolito, où fort heureusement il y avait une mare d'eau saumâtre, car nous avions souffert de la soif. Depuis que nous marchions sur la Cuchilla, on ne trouvait plus d'eau courante. Schiste altéré. Alt., 2467 m.; temp., 23°.

Du Carisolito nous descendîmes dans la Quebrada de las Vueltas, par une pente abrupte garnie de racines, qui provoquaient chez nous de fréquentes chutes. Mes pieds, bien que chaussés de mocassins indiens, étaient déchirés, saignants. Sans cette chaussure spéciale, il nous eût été impossible d'avancer. Ce sont des brodequins en peau de cerf telle qu'elle est enlevée sur l'animal. Bientôt cette chaussure entre en putréfaction, en émettant une odeur des plus fétides. A la couchée, on se déchausse; le lendemain, au moment du départ, on remet les mocassins mouillés et exhalant la même fétidité; rien d'aussi désagréable que la sensation qu'on éprouve.

Il était 3 heures et demie quand nous pûmes nous désaltérer avec avidité dans l'eau limpide de la Quebrada de las Vueltas. Au point où nous

nous arrêtâmes, l'altitude était de 1569 mètres ;
temp., 22°. Schistes.

Nous bivouaquâmes sur les bords de la Quebrada dans une gorge d'un aspect sauvage, connue sous le nom de el Vejuco (liane).

Le torrent de las Vueltas se joint au rio Gar-
rapata, qui, après un parcours de 54 milles,
entre dans le Sipi à 12 milles du San-Juan. La
Quebrada de las Vueltas est à 8 milles à l'ouest
de las Cabezeras. On voit avec quelle lenteur
nous avions marché.

14 février. — De Vejuco on continua à remonter le cours de las Vueltas, dans l'eau jusqu'au genou. Le schiste se présentait en strates
presque verticales, penchant un peu vers l'occi-
dent. Après une heure de marche, je reconnus
un amas considérable de grünstein enchâssé
dans le schiste. Nous gravîmes plusieurs cascades d'un effet des plus pittoresques.

A midi, nous atteignîmes las Cabezeras de la
Vuelta, point de jonction de plusieurs petits
ruisseaux. Pendant la route, à la surface des
blocs de roche émargeant du torrent, nous vîmes
des serpents endormis au soleil, achevant sans

doute de digérer leur chasse nocturne. Un de nos Indiens en tua plusieurs en leur cinglant un vigoureux coup de baguette, entre autres un coral aux couleurs les plus éclatantes et un grand serpent vert-pré, à ventre jaune, des plus venimeux.

A midi, nous nous reposâmes un instant à Piedra lisa, placé entre deux cours d'eau sur les schistes. Alt., 1958 m.; temp., 22°.

De cette station on s'élève pour regagner le sommet du contrefort qui sépare las Vueltas d'autres affluents.

A 1 heure et demie, arrivés sur l'alto del Paramillo (alt., 2164 m.; temp., 21°), d'où nous descendîmes, par un chemin pierreux, jusqu'à El Pie (le pied). Schistes. Alt., 1764 m.; temp., 21°,1.

D'El Pie, nous cheminâmes dans un marécage, un vrai bourbier, d'où nous ne sortîmes qu'à 4 heures et demie pour établir le bivouac à Las Cruzes (les croix). Nous étions accablés de fatigue. Dans la journée nous avions passé 75 fois le rio de las Vueltas ou ses affluents. Alt. de las Cruzes, 1703 m.; temp., 18°.

Nous fûmes bientôt plongés dans un épais

brouillard. Mes hommes soutenaient qu'il aurait suffi de sifffer pour faire pleuvoir. Du reste, la pluie doit être presque continuelle dans la forêt, si on en juge par les flaques d'eau éparses çà et là sur le terrain inondé. On ne peut coucher dans une telle situation sans avoir dressé une façon de bûcher formé de tronçons de guaduas (*bambusas*).

Nous trouvâmes un beau nègre profondément endormi, renversé sur une semblable couche et ruisselant de sueur. Sur sa large poitrine reposait un crapaud gigantesque. Le bruit que faisaient mes hommes en abattant des bambusas guaduas pour organiser nos bûchers-lits ne réveilla pas le nègre. Au point du jour, il dormait encore, avec son crapaud, dont le contact lui procurait probablement une sensation de fraîcheur.

Les arbres environnant notre bivouac se trouvaient envahis par une bande de singes noirs, heureusement silencieux. Des singes *alouates* (hurleurs) nous auraient donné un concert qui nous eût privés du sommeil dont nous avions tant besoin.

15 février. — A 8 heures, en quittant Las

Cruzes, nous nous engageâmes dans un chemin creux, rappelant une galerie de mine. Nous en sortîmes à Los Caxones de Varra Blanca. De là, nous allâmes à Portachuelo; à midi, on eut pour alt., 1387 m.; temp., 24°, schistes altérés.

A 3 heures nous fîmes halte au Chorro de Poya, cabane isolée dans le forèt, habitée par un vieux nègre, assis gravement, à la mauresque, sur une barbacoa. Le bonhomme tirait un excellent parti de sa basse-cour: ses prix étaient corsés: un œuf, un réal: une maigre poule, deux piastres.

Au Chorro de Poya, alt., 883 m.; temp., 21°.

Depuis la Portachuelo, nous étions descendus de 504 mètres. Nous nous trouvions en plein Choco.

On se casa tant bien que mal dans la cabane de la Poya. Une fois débourbés, nous nous couchâmes. La nuit n'aurait pas été mauvaise si nous n'avions pas été assaillis par deux ennemis redoutables: une multitude de cucarachas dégoutantes (blettes) et une légion infernale de grosses chauves-souris, espèces de vampires, contre lesquelles il fallut incessamment combattre pour défendre notre sang.

Près du Chorro de Poya a lieu la jonction du rio Abitá venant du Sud et du rio Ingarra venant du Nord, à 8 milles de Las Vueltas. Après avoir reçu la Sumana, l'Ingarra coule vers le rio Tamana.

16 février. — Partis du Chorro à 8 heures, nous reposions, à midi, sur le bord de l'Abitá (alt., 380 m.; temp., 25°). Nous avions constamment marché ou plutôt nous avions rampé dans la boue, ce qui explique l'extrême lenteur de notre marche.

Sur l'Abitá, dont le cours est torrentiel, on a jeté un pont de lianes (*puente de vejuco*). Au moment où nous arrivâmes, j'eus l'occasion d'assister à une scène des plus pittoresques : un Indien avec son jeune enfant traversaient le pont dont les fortes oscillations auraient vivement inquiété un Européen.

Un pont en lianes est, en réalité, un hamac suspendu, par ses extrémités, aux arbres de l'une et l'autre rives.

Les deux Indiens étaient de toute beauté ; entièrement nus. Le père guidait son fils en le tenant par la main. Ils allaient à la pêche. Des

lignes garnies d'hameçons d'or étaient disposées
avec art dans leur noire chevelure. Cette bizarre
coiffure me charma. Quant à l'homme à la peau
cuivrée, il passa sans daigner nous regarder.

Avant de passer le pont, mes cargueros firent
une prière. Je n'étais pas sans inquiétude en
voyant les braves gens, chargés de fardeaux
aussi lourds, osciller comme des pendules.

Nous longeâmes l'Ingarra en suivant un sentier escarpé. A 5 heures, nous établîmes le bivouac au Contadero del caoutchouc. Schistes.
Alt., 468 m.; temp., 23°.

Je me divertis en entamant à coups de sabre
l'écorce d'un arbre à caoutchouc; le suc laiteux
en sortit avec abondance et très promptement
se coagula en un ruban de gomme élastique.

17 février. — Du Caoutchouc, que nous lais-
sions à 8 heures, on s'éleva jusqu'au Contadero
del Hormiguero (de la fourmillière), où nous
nous arrêtâmes à 10 heures. On voyait le schiste
ardoisé, semblable à celui du rio de las Vueltas,
plongeant à l'ouest. Alt., 894 m.; temp., 24°.
Dans une source, le thermomètre indiqua

21°,7. Nous avions toujours marché à l'ouest.

A 11 heures, nous atteignîmes l'Alto de las Peñas. Alt., 1129 m.; temp., 23°,2.

On avançait avec peine, à cause de la présence de racines déchaussées par les pluies. On sautait de racine en racine pour trouver un point d'appui; quand on le manquait, on enfonçait dans la boue jusqu'à mi-jambe.

A midi, nous déjeunâmes à l'Alto del Poso (du puits). Alt., 1132 m.; temp., 22°.

Un peu plus bas émerge une petite source, El chorro de Iparrá où le schiste incline de 45° au S.-O. Alt., 989 m.; temp., 22°.

A 3 heures, on bivouaqua à Guadualexo, avant l'arrivée de la pluie. Alt., 711 m.; temp., 22°,3.

En chemin, nous trouvâmes un troupeau de porcs venant de Cartago. Un porc coûtant dans cette ville 8 piastres, est vendu 16 piastres au Choco. Nous avions marché à l'O.-N.-O.

18 février. — Partis de Guadualexo à 9 heures pour nous rendre à las Juntas de Tamana. La chaleur nous incommoda beaucoup ; nous n'étions plus sous les ombrages de la forêt.

Dans le ruisseau, à Piedra Molar (pierre à aiguiser), où nous arrêtâmes pour déjeuner, tous les cargueros se mirent à repasser leurs cuchillos (couteaux non fermés) et leurs machetas (sabres). C'était une aiguiserie générale à laquelle invitait la roche de la localité, une grauwacke, à grains très fins.

A 1 h. 1/2 nous étions à las Juntas sur les bords du rio Tamana au point de la jonction avec l'Ingarra. Alt., 169 m.; temp., 27°,8.

Las Juntas est bien près du Chorro de Poya où se trouve le pont suspendu. En ligne droite la distance est de 7 à 8 milles et cependant, telle est la difficulté du terrain, qu'il nous fallut plus de deux jours pour faire le trajet.

A las Juntas, au bord de l'Ingarra, le schiste passe à une grauwacke dans laquelle j'ai cru apercevoir des indices de corps organisés. La roche plonge de 45 à 50° au S.-O. De l'autre côté de la rivière, on trouve un diluvium de débris de roches porphyriques reposant sur le terrain schisteux.

Nous passâmes l'Ingarra en *canoa* pour aller loger dans une grande maison en guaduas, couverte en feuilles de palmier et, comme partout

au Choco, surélevée par une espèce de claie, à
cause du sol extrêmement humide.

Juntas est un misérable endroit, un groupe de
quelques maisons élevées sur un marécage. Il y
pleut presque toujours; la chaleur paraît intolérable quoique, à 9 heures du matin, elle ne
dépasse pas 28°. Impossible de sortir d'une habitation sans entrer dans la boue. Le vieux nègre
pasero était divertissant. Il juchait sur une arche
et n'en descendait qu'autant qu'il devait faire
passer la rivière à quelqu'un.

Le Tamana et l'Ingarra se réunissent à l'entrée du village. Les tigres sont fort communs
dans les environs; ils entrent fréquemment la
nuit à Tamana. On me montra un tout jeune
nègre qu'un de ces animaux avait cruellement
blessé, il y avait peu de jours, dans une circonstance assez singulière.

On donnait un bal; la famille, pour y assister, laisse le négrillon endormi au logis; la
porte était restée ouverte. Quand elle revint du
fandango, la porte était fermée et quelle fut son
épouvante, en entendant rugir un tigre dans
l'habitation. L'animal faisait des bonds effrayants
en cherchant à pratiquer une issue. Les voisins

accoururent, armés de lances ; on pénétra dans la case et bientôt le tigre fut tué. L'enfant était sur son lit, à la place où on l'avait laissé, mais il avait la figure profondément lacérée par les griffes de la bête.

Sans la chaleur, la fréquence des pluies et par conséquent l'humidité, las Juntas de Tamana serait une localité agréable. La vallée est large ; il y croît de magnifiques palmiers.

J'aurais pu me rendre à Novita par la forêt, en traversant les bourbiers. C'est la route que suivent les porchers, ce qui procure à leurs troupeaux l'avantage d'une pâture abondante, une sorte de glandée, un mélange de serpents et de fruits de palme.

Je préférai descendre le Tamana, d'autant mieux que je devais visiter le Real de Minas de Aguas Claras.

19 février. — L'intérieur du Choco est si peu connu, la carte que l'on possédait était tellement inexacte, que je ne crois pas inutile de donner minutieusement les relèvements faits pendant ma navigation.

A Juntas, je louai deux pirogues consistant en troncs d'arbres creusés à la hâte, si étroits, que c'est à peine si on pouvait s'y asseoir. L'instabilité de ces embarcations est telle que je jugeai prudent de ne conserver pour tout vêtement qu'un chapeau de paille de ipijapa. Un nègre dirigeait la canoa à l'aide d'une pagaie.

A l'embarcadère, le courant était fort rapide. Installés à bord à 9 h. 10.

	Direction.	
9 h. 15	N.-O.	
— 20	N.	Rapides.
— 25	N.-O.	Tourbillon (remolinos).
— 30	O.	Rio Virabuba à droite.
— 33	O.-S.-O.	Quebrada Zuagara entre à gauche.
— 35	N.-N.-O.	Rapides très fort de Boquio.
— 40	S.-O.	Rapides.
— 45	«	«
— 48	N.-O.	«
— 52	«	Quebrada Marta entre à gauche.
— 55	O.-S.-O.	Rapides.
10 heures.	N.-O.	Brisants dangereux. On débarque pour faire passer le canot.
10 h. 05	S.-S.-O.	Rapides.

Nous débarquons à 10 h. 10 à gauche sur la rive gauche, les pirogues ne pouvant aller plus loin, à cause des saltos (cascades).

Nous suivîmes sur la rive le cours du Tamana jusqu'au rio Guayaval où il y a une assez belle plantation de bananiers.

Avant d'y arriver, nous avions passé successivement sur la rive gauche de la rivière de las Cabezeras de las Piedras et enfin le Guayaval. Le rio de las Piedras était alors assez profond pour nous obliger à le traverser à la nage.

Il fallut attendre à l'hacienda de Guayaval, avant de trouver des bogas (canotiers) pour nous conduire au Real de Aguas claras.

Guayaval est réellement l'embarcadère du Tamana. La navigation, à partir de cette station, n'offre plus autant de difficulté.

Il était plus de 3 heures quand nous partîmes. Le nègre qui dirigeait ma pirogue était un homme magnifique, mais portant sur la cuisse une énorme tumeur scrofuleuse ou vénérienne, maladies des plus communes dans les contrées que je traversais.

De Guayaval on continue à descendre le Tamaná.

Embarqués à 3 h. 50 naviguant O.-S.-O.

	Direction.	
4 h.	S.-O.	
— 10	S.	
— 20	N.-O.	
— 30	S.	Rapides du Caoutchouc.
— 35	S.-O.	Sur la rive gauche Quebrada del Trigo.
— 40	S.-S.-O.	
— 45	S.-S.-O.	Rapides.
— 50	O.-S.-O.	
5 h.	O.-S.-O.	Le rio d'Aguas claras sur la rive gauche du Tamana.
— 05	O.-S.-O.	

Nous débarquons au Real de Minas traversé par le rio de Aguas claras. J'étais dans le costume que j'ai décrit, nu entièrement, coiffé d'un ipijapa, portant mon pantalon sur le bras.

Avant d'entrer dans la maison de belle apparence del Real, je demandai à un nègre à cheveux, ou plutôt à laine blanche, sorte de majordome qui me reçut au débarcadère, s'il n'y avait personne dans l'habitation et si je pouvais y entrer pour me vêtir.

— Montez, montez, me répondit le vieux.

Je montai, en effet, puis j'entrai dans un salon d'une certaine élégance où je me trouvai, dans mon état complet de nudité, en présence de trois charmantes dames, assises sur un canapé, occupées à des travaux d'aiguilles : la maîtresse de maison, dame Petronilla y Gual, sa fille et une jeune mulâtresse, probablement une de ces bâtardes chéries des familles créoles. Ces dames étaient mises avec élégance ; pour la première fois je voyais des manches à gigots. Pour m'habiller j'appelai mon brosseur, en lui disant de me monter ma mallette, et je m'esquivai dans une pièce contiguë au salon. J'en sortis bientôt dans une tenue irréprochable, en uniforme orné d'épaulettes d'argent afin de jeter de la poudre aux yeux.

La conversation continua. La dame répondait très nettement aux questions que je lui adressais. Ma nudité ne l'avait pas surprise, habituée à vivre au milieu de nombreux esclaves des deux sexes, n'ayant pendant leur travail pas le moindre vêtement sur le corps. Celui qui rougit le plus de l'incident, ce fut moi. Le repas fut très gai.

J'eus, du reste, pendant mon excursion au Choco, une autre occasion de constater l'indifférence des femmes pour la nudité.

Sur un des points de la rive, j'entrai dans

une case pour attendre que mon canot eût passé un rapide. Une femme, encore jeune, me reçut avec aménité, me fit asseoir. J'étais si court vêtu que je montrais ce que l'on doit cacher. Mon secrétaire, John Lane, qui m'accompagnait, me faisant divers signes que je ne comprenais pas, prit le parti de me couvrir avec un mouchoir. La jeune femme, voyant l'embarras de mon pudique secrétaire, dit : « Oh! ce n'est rien... n'y faites pas attention ; j'en vois toute la journée... seulement ils sont noirs ».

J'ai trouvé 127 mètres pour l'altitude d'Aguas claras ; temp., 24°,4.

24 février. — La nuit, il y eut un violent orage... Avant de partir d'Aguas claras, je visitai les mines, en compagnie de la señora Petronilla.

Comme dans toute cette contrée, on exploite des alluvions formées de débris de syénite porphyrique, roche que je vis en place dans la Quebrada del Guayaval.

Au Real de Minas, l'alluvion repose sur un schiste ayant l'aspect de la grauwacke. Le travail est dirigé de manière à recueillir le sable qui est dans la proximité de la roche. On dé-

blaye le terrain meuble, et on décape, en quelque sorte, le schiste qui le supporte. Le gravier
est mis en tas, puis porté dans les canalones,
(canoas) où des négresses, placées dans un courant d'eau, l'agitent, à l'aide de l'almocafre, en
enlevant, pour les rejeter, les galets, jusqu'à
n'avoir plus dans le canal que l'arenilla, sable
noir, où domine le fer titané, quelques pierres
gemmes, telles que rubis, grenats, cymo-
phanes, etc. On soumet ensuite ce sable au lavage à la *batea* (plat en bois). Il reste de l'or en
poudre, sali par de l'arenilla que l'eau n'a pas
entraînée; on met cet or dans le *cacho* (corne de
bœuf façonnée en coupe), pour en opérer le
nettoyage final.

C'est, on le voit, précisément le mode de lavage suivi à la Véga de Supia et dans la province
d'Antioquia. On apercevait alors quelques grains
de platine mêlés à l'or.

A Aguas claras, dans une livre de poudre
d'or, il entre généralement, 6 à 8 castillanos de
platine : 6 à 8 centièmes. Cette proportion est
d'ailleurs variable dans les mines du Choco.
Tout l'or retiré des alluvions du rio Tamana ou
des ruisseaux adjacents est platinifère. Ces al-

luvions ne me présentèrent d'autre différence
avec celles de Supia que la suivante : elles sont
assises sur un schiste à grains fins ayant, je le
répète, l'apparence de la grauwacke.

Après avoir déjeuné au Real de Minas, avant
de revêtir mon *costume de bain*, je donnai un
chaleureux *abraso* à doña Petronilla, puis je
montai dans une *piragua* assez grande pour y
embarquer mes gens et mon bagage; nous con
tinuâmes alors à descendre le Tamana.

		Direction.
9 h.	35	N.-O.
—	45	N.-N.-O.
—	55	E.
10 h.	05	O.
—	10	O.-S.-O. Sur la rive droite embouchure du rio Sesebo, venant du N.
—	20	O.-N.-O.
—	26	S.-S.-E.
—	35	S.-S.-O.
—	45	N.-O.

A 11 heures nous abordons à la Bodega de
Novitá, sur la rive gauche. Alt., 100 m.; temp.,
29°,4.

Depuis las Juntas nous nous étions abaissés
de 69 mètres, différence de niveau considérable.

si l'on considère le peu d'étendue du chemin parcouru, 13 à 14 milles.

Il fallut gravir une côte rapide, pour atteindre la ville de Novitá, où nous logeâmes chez Joaquim Hurtado, fils de doña Petronilla. (Alt., 180 m.; temp., 26°,4).

Triste séjour! les maisons sont en guaduas, couvertes de feuilles de palmier, bâties sur un marécage et comme entassées les unes sur les autres.

Les tiendas (boutiques) regorgeaient de marchandises de toute nature. Le terrain est tout bouleversé, Novitá étant bâtie au milieu d'anciens lavaderos.

Il commençait à pleuvoir; nous éprouvions une chaleur suffocante; à 2 heures, malgré la pluie, le thermomètre se maintenait à 28°.

Novitá possède *una casa de fundicion*, un établissement pour la fonte où aboutit la plus grande partie de l'or en poudre sorti des reales de Minas, pour être transformé en lingots qu'on envoie ensuite aux *casas de moneda* (hôtels des monnaies) de Popayan ou de Bogota pour être monnayés en onces d'or, valant, en argent, 15 à 16 piastres fortes.

Une fonte, à laquelle j'assistai, m'intéressa beaucoup, parce que je vis pratiquer la déplatinisation de l'or en poudre. J'étais accompagné par un monsieur vêtu à l'européenne et qui s'était mis en costume de gala pour me faire honneur, pantalon blanc, pieds nus, la chaussure la plus hygiénique qu'on puisse recommander dans un pays où l'on marche constamment dans la boue, chapeau de paille d'une grande finesse posé sur l'oreille, veste en drap bleu, qui attira mon attention, parce qu'elle avait huit poches, d'où sortaient les extrémités de huit foulards des Indes, ce qui n'empêchait pas mon muscadin de se moucher avec les doigts qu'il essuyait ensuite dans ses cheveux crépus.

C'était un savant. Il m'expliqua la théorie de ce que j'allais voir : le feu, un des quatre éléments de la création ; le mercure, une lessive purifiant les métaux, etc.

Enfin, on commença!...

On procéda d'abord à la déplatinisation que subit l'or en poudre, avant d'être fondu.

La poudre d'or est mise dans une batea ; on agit ordinairement sur deux ou trois livres, on ajoute graduellement du mercure, en même

temps qu'on frotte fortement avec la paume de
la main. On constitue ainsi un amalgame assez
liquide ; les grains de platine résistent à l'action
du mercure. On filtre le mercure à travers une
peau ou un linge pour obtenir l'amalgame solide dont on sépare, par un tour de main exécuté dans la batea, les grains de platine.

L'amalgame, moulé en disques de 2 à 3 pouces
de diamètre sur une épaisseur de 3/4 de pouces,
est distillé pour en chasser le mercure, et cela
dans un appareil d'une grande simplicité et que
j'ai appliqué plus tard à la purification du mercure dont je remplissais mes tubes barométriques.

Dans un plat peu profond, en bois ou en
terre, solidement établi et rempli d'eau, on pose
une brique dont la surface émerge au-dessus de
la surface du liquide. Puis on chauffe au rouge
deux plaques rectangulaires en fer ayant 2 centimètres d'épaisseur, environ, 13 centimètres
de longueur et 8 de largeur. Aussitôt rougies,
on porte une des plaques sur la brique, on y
dépose la rondelle d'amalgame qu'on recouvre
avec la seconde plaque de fer également rougie
au feu et, sans perdre un instant, on enferme

tout l'ensemble dans une marmite renversée
dont l'ouverture plonge conséquemment jusqu'au fond du plat dans lequel on a mis l'eau.
Le mercure émet des vapeurs qui se condensent
en métal liquide, qui se rassemble sous l'eau.
L'opération terminée, on enlève les disques de
piña : c'est de l'or poreux, une sorte d'éponge
métallique ou plutôt un culot hémisphérique,
par le moyen employé à Bogota et que j'ai déjà
décrit.

De 6 livres espagnoles d'or en poudre, on
retira, en ma présence 19 castillanos de platine en grains, soit 2/10. Ce serait fort peu,
mais il ne faut pas oublier que, dans les reales
das Minas, on fait une première déplatinisation
avant d'envoyer la poudre d'or à la casa de fundicion.

Rien de curieux comme cette première opération : la poudre d'or est mise dans la batea;
en imprimant avec les doigts un mouvement
très rapide au vase qui la contient, on voit l'or
marcher vers la circonférence, tandis que les
grains de platine se réunissent au centre.

Après tout, les nègres m'avaient donné une
bonne leçon de manipulation.

Durant mon séjour à Novitá, il ne cessa pas de pleuvoir; aussi dit-on qu'au Choco, il n'y a ni soleil ni étoiles. Je désirais cependant beaucoup fixer la latitude de Novitá; cela me fut impossible; mes instruments étaient en permanence. Pendant la nuit, j'allais fréquemment regarder le ciel. D'après notre marche généralement à l'O.-N.-O., depuis Anserma Nuevo, Novitá doit être à environ 4°,55′ lat. N.

Le curé de cette ville, le Padre Cañarte, me dit que le thermomètre se maintenait entre 23 et 29°. Mon hygromètre à cheveu a marqué de 95 à 100°.

C'était un original, que le Padre Cañarte, grand enthousiaste de la Révolution française. Sur les murs de sa chambre il avait fait peindre les événements les plus saillants de la Terreur, entr'autres l'exécution du malheureux Louis XVI. d'après une gravure de l'ouvrage de Prudhomme. Je ne m'attendais guère à voir une peinture de ce genre au milieu d'une forêt du Nouveau-Monde.

De Novitá on découvre un pic isolé dont on

parle dans tous les pays : le Cerro de Torvá, qu'on aperçoit bien rarement, à cause de la permanence des brouillards. Je fus assez favorisé pour pouvoir le relever au S.-E. par une opération rapide. J'estime qu'il est à 6 ou 7 milles de la ville.

La légende en fait un volcan ; une mine d'argent. Jamais personne ne s'en est approché. On m'assure que de l'océan Pacifique, les navigateurs voient Torvá, d'une assez grande distance de la côte.

Dans la capitale du Choco, on vit dans un nuage superposé à un bourbier. Aussi y contracte-t-on des habitudes qu'on ne rencontre pas autre part. On y est à peine vêtu, et pas du tout chaussé ; on y porte des chapeaux parapluie ayant 1 mètre 1/2 de diamètre. Quand il pleut, six personnes causent à leur aise sans être mouillées sous un tel abri.

Dans ma visite officielle au gouvernement, je traversai la grande place de la ville ; elle ressemblait assez à une prairie ou pullulaient des batraciens ; emportant sous mon chapeau ma garde robe, mes bottes, mon sabre, arrivé à la

porte de sa seigneurie, je revêtis mon uniforme,
je me chaussai ; après la réception gracieuse que
me fit l'imbécile qui gouvernait la province, je
remis mes effets sous mon chapeau et je rega-
gnai mon logement.

J'avais demandé et obtenu une faveur du señor Gobernador : un de mes gens, habitant
d'Anserma Nuevo, sachant qu'il allait au Choco,
partit de chez lui nu comme un ver de terre,
puisqu'il allait là où il n'était pas obligé de s'habiller ; cela était vrai, sans doute, excepté le dimanche, pendant la messe. Or un alguazil, ren-
contrant en ce moment mon carguero, lui
enjoignit de mettre son caleçon ou sa chemise,
à son choix.

— Ma chemise ! mais elle est à 30 lieues
d'ici.

— Alors, en prison pour 24 heures.

Sur mon intercession, le gouverneur fit remettre mon homme en liberté.

On me conduisit à la prison pour me montrer
une femme admirablement belle, condamnée à
mort. La sentence n'avait pu être exécutée faute
de soldats pour la fusiller.

La beauté n'avait pas été surfaite : c'était une

métisse, aux formes les plus exquises, jeune,
car elle ne pouvait avoir vingt ans ; elle suppor-
tait sa captivité avec résignation. Elle me raconta que, voulant se débarrasser de son mari
vieux, laid, jaloux, elle lui planta une flèche
empoisonnée dans le dos. « Nada mas » (rien de
plus), ajouta-t-elle. Je lui offris un cigare, et
nous continuâmes la conversation, en fumant.
Il y avait quelque chose de féroce dans son regard. Quelque temps après j'appris avec satisfaction que cette charmante criminelle s'était
évadée. On m'accusa d'avoir contribué à l'éva-
sion. Pure calomnie ! La beauté fait ouvrir bien
des portes.

Le 24 février, je partis de Novitá pour gagner
le rio San Juan, et me rapprocher, en le remontant, de la Cordillère occidentale.

A 5 heures du matin, le patron m'annonça
que l'embarcation était prête. Nous descendîmes
la Bodega par une pluie battante. J'y trouvai
une pirogue assez spacieuse, m'assurait-on, pour
contenir toute l'expédition ; mais, une fois embarqués, on reconnut qu'elle était trop chargée ;
la ligne de flottaison n'était qu'à 2 centimètres

du bord du canot; le moindre mouvement aurait pu nous faire chavirer.

Je me procurai une seconde pirogue; tout
cela nous prit quelques heures.

En me promenant sur la rive du Tamana, je
vis une femme occupée à laver du sable : l'opération devait être avantageuse, car, lorsque la
pluie tombe en amont, le courant entraîne toujours de l'or.

On lavait directement, à la batea, sans concentration préalable. A chaque opération la négresse
retirait un peu de poudre d'or mêlé à quelques
grains de platine.

C'était une bien pauvre femme que la laveuse :
ainsi que je l'ai remarqué dans les terrains aurifères, la pauvresse demande l'aumône à la rivière, qui ne la refuse jamais.

A 9 heures 1/2. nous laissâmes la Bodega de
Novitá pour nous verser dans le rio San Juan,
que nous devions remonter ensuite pour nous
rendre à Tadó. Nous avions dans chaque canot
deux rameurs indiens chocos, ne sachant pas
un mot d'espagnol. Le juge politico de Novitá
leur avait donné des instructions :

		Direction.	
9 h.	35	N.-N.-E.	
—	45	O.-N.-O.	
10 h.		«	Ruisseau de Moncana sur la rive droite.
—	10	O.	Sur la rive droite, real de minas de San Lorenzo. Sur la rive gauche, couches schisteuses supportant l'alluvion.
—	15	S.-O.	Forte pluie.
—	20	N.-O.	Entrée du ruisseau Caystana. Rive gauche.
—	45	S.-O.	
11 h.		N.-O.	
—	15	O.-N.-O.	
—	30	O.-N.-O.	
—	40	N.-N.-O.	Entrée du Tamana dans le rio San Juan. Eaux très hautes.
—	45	N.	Nous naviguons en amont.
12 h.		N.-N.-E.	
—	15	N.	
—	30	«	
—	45	N.-N.-E.	
—	55	N.-N.-E.	A gauche, c'est-à-dire rive droite du San Juan. Entrée du torrent le Lavadero.
1 h.		N.	
—	30	«	
—	40	N.-N.-O.	Rive droite du San Juan. Entrée du rio Suruco.
—	45	N.	Rapides.
2 h.	15	E.-N.-E.	On aperçoit au N.-E. un groupe de petites montagnes d'une forme bizarre, las Mojarras.

		Direction.	
2 h. 21		«	Quebrada Majaqué, rive gauche.
— 30	N.-E.		Rive droite. Entrée du rio Iro, abondant en or.
— 42	N.-N.-O.		
— 45		«	
3 h. 15	N.		Rive couverte de palmiers chotonderas.
— 30	N.		
4 h. 45	E.-N.-E.		Rive gauche. Petit ruisseau.
— 55	E.-N.-E.		Rive droite. Entrée de la rivière de San Pablo.

Il y a, en ce point, un arrastradero, un sentier sur lequel on peut traîner un canot. En trois heures de marche on est parvenu à l'entrée du Cétegui, dans le rio Quito, où l'on s'embarque pour gagner Quibdo. L'arrastradero peut avoir 14 milles; sa direction est au N., du Cetegui à la ville; on descend le rio Quito pendant 22 milles, direction N. Entre Novitá et le rio Quito, pas d'arête de partage visible.

Continuant à remonter le San Juan, à partir de la Quebrada San Pablo, on relève :

		Direction.
5 h.		E.-N.-E.
— 15		N.-N.-E.
— 30		E.-S.-E.

A 6 heures nous abordons sur la rive droite,

à l'habitation nommée Calle de los Popos. Les nègres qui nous accueillent sont couverts de plaies, d'ulcères vénériens, défigurés par des affections cancéreuses. On s'estime heureux dans une famille quand il y a un nez complet pour dix personnes : c'était un attristant spectacle.

Je fis établir le bivouac hors de la maison et nous fîmes la cuisine sans le concours de ces malheureux qui s'empressaient de nous offrir leurs services et, par suite du dégoût que nous inspiraient nos hôtes de los popos, nous couchâmes dans les canots.

Depuis la Bodega de Novitá, il m'a semblé que le fond du fleuve est un grauwacke ; c'est, en tout cas, une roche schisteuse.

25 février. — A 6 heures 1/2, nous continuons notre route en amont :

	Direction.	
7 h.	E.	
— 15	E.-S.-E.	Nous entrons dans les Mojarras. Nous passons le premier rapide, la Mojarrita.
— 42	N.-E.	Sur la rive gauche entrée de la Quebrada de la Mojarrita.
— 20	«	

Nous parvenons au second rapide, très dangereux, où nous avons failli périr : c'est la Mojarrá. En ce point, le San Juan coule au milieu de nombreux écueils, la pirogue que je montais, lancée vigoureusement, fut prise entre deux rochers ; nos rameurs ne pouvaient dégager l'embarcation ; l'eau affluait, nous allions chavirer ; heureusement nous ne perdîmes pas la tête ; John et moi, nous sautâmes sur une des roches. Aussitôt que la pirogue fut allégée, elle partit en aval, comme un trait ; les Indiens nous firent signe qu'ils ramèneraient une embarcation plus étroite.

La surface émergée du rocher sur lequel nous nous trouvions était si exiguë, que nous fûmes obligés de nous serrer l'un contre l'autre. Nous étions entourés d'écumes ; le bruit était si intense que nous ne pouvions nous entendre : la situation devenait critique. Il n'y avait pas à tenter de gagner la rive à la nage ; nous aurions été broyés. En me baissant avec précaution, soutenu par John Lane, je pus détacher un fragment de la roche sur laquelle nous étions perchés, une roche décomposée, grise, à parcelles de mica ; probablement un grunstein à grains fins constitue le terrain de la Mojarrá.

Après vingt minutes d'attente, nous vîmes, avec une satisfaction facile à comprendre, arriver nos embarcations : la grande pirogue, suivie du canot portant mes hommes, et dans lequel on avait transbordé le bagage. Ainsi allégée, grâce à la dextérité de nos Indiens, la pirogue franchit la passe dangereuse.

A 8 h. 50, nous avions traversé las Mojarras.

Force avait été de rester à bord, parce que le rivage, fortement escarpé et boisé ne présentait pas de berges.

		Direction.	
9 h.		N.-E.	
—	15	N.-O.	Sur la rive gauche entrée du rio Profundo. Roche stratifiée.
—	30	N.-N.-E.	
—	45	«	
10 h.		E.	Rapides.
—	15	E.-N.-E.	
—	20	«	

Nous faisons halte pour laisser déjeuner nos canotiers. Je vis plusieurs négresses occupées à laver le sable du fleuve. Dans l'or en poudre qu'elles retiraient, on voyait des grains de platine.

		Direction.
11 h.		E.
—	30	N.-E.
—	45	«
12 h.		O.-N.-O.
—	15	N.
—	30	N.-E.
—	45	E.-N.-E.
1 h.		N.-E. Sur la rive gauche du San Juan, entrée du rio Santa Lucia.
—	15	N.-E.
—	30	«

Nous abordons à Tadó, sur la rive gauche du San Juan.

C'est une ville peu importante, située au point de jonction des rios de Mongorá et de la Platina, dont le cours est N.-O. Son altitude est de 127 m.; temp., 29°,4, c'est-à-dire 27 mètres plus haut que la Bodega de Novitá, sur une alluvion que supporte une diorite d'un vert très foncé, riche en cristaux d'amphibole.

Je trouvai à louer une boutique, un vrai cachot. Le curé, auquel j'étais recommandé, était absent; mais je fus reçu très amicalement par son vicaire, le Padre Cerizo.

A peine installé, j'eus plusieurs visiteurs insupportables, qui m'accablèrent de questions impossibles.

Tadó est peut-être le point central de la région platinifère ; le Padre Cerizo prétendait que les mines d'or des environs pourraient fournir de grandes quantités de platine et il m'assura qu'il y en avait dans lesquelles on trouvait ce métal mêlé à une proportion insignifiante d'or. Comme je me permettais d'en douter, il m'offrit de me montrer une de ces mines ; il n'y avait pas à se déplacer : elle était dans le jardin (la huerta) du presbytère. Une négresse fut mise à laver de la terre végétale, dans une batea, et, à ma grande surprise, elle en retira du platine en grains renfermant seulement quelques parcelles d'or.

Sans doute dans les environs de Tadó, il y a des lavaderos rendant beaucoup de platine ; mais, dans le jardin du curé, la terre ne donnait réellement que ce métal.

Je fis continuer le lavage, et il arriva que, dans la batea, avec les grains de platine on découvrit une bague en or portant un rubis.

Le mystère fut bientôt expliqué par un vieux nègre qui surveillait le travail. Le jardin était planté sur un ancien lavage exploité à une époque où on ne recueillait pas le platine et où on rejetait par conséquent celui qu'on trouvait mêlé à l'or. C'est ainsi que ce métal se trouvait accumulé à la surface du sol.

Du Tadó je m'embarquai pour le real das minas de Santa Lucia, sur la rivière que j'avais relevée la veille.

Une fois à terre, il fallut près d'une heure de marche dans un terrain fangeux pour arriver au real, dont j'examinai le terrain avec attention.

La Barranca (escarpement) sur laquelle on exécutait les travaux présentait, de haut en bas : 3 pieds de terre végétale ; 30 pieds de syénite porphyrique et d'amphibolite, les mêmes galets que roule le San Juan ; 7 à 8 pouces d'une mince couche d'argile sablonneuse et la *Cinta* (le ruban) des mineurs, dans laquelle se rencontrent l'or et le platine.

La Cinta repose ordinairement sur la roche en place ; cependant elle ne la recouvre pas toujours : il y a des points où elle manque.

La roche supportant l'alluvion de Santa Lucia est tellement altérée, qu'il est difficile d'en définir nettement la nature ; mais à quelque distance, elle est noire, à grains fins, grenue, micacée, à structure schisteuse.

Par le lavage de la Cinta, on obtient une arenilla (sable noir) renfermant de l'or, du platine,
mêlés à des zircons, à des rubis, à de la pyrite.

Toute la vallée du rio San Juan est riche en
ces deux métaux précieux. On ne saurait douter
que les eaux de ce fleuve ne charrient continuellement des sables aurifères et platinifères ;
aussi n'entend-on parler que de projets pour
détourner les cours du fleuve afin d'en exploiter
le fond, détournement qui me paraît impossible
à réaliser.

Il serait certainement moins onéreux d'exploiter le sable charrié par les eaux qu'une alluvion :
on n'aurait pas à enlever l'énorme masse de débris qui recouvre la Cinta.

Je me divertis à voir les négresses plonger
dans le San Juan pour se procurer le sable.
Elles fixent sur leurs reins une grosse pierre
maintenue par une ceinture qu'elles tiennent
avec la main gauche. Leurs fesses énormes forment un support sur lequel la pierre est assise.
Ainsi lestées, elles avancent résolument dans
l'eau jusqu'à mi-corps ; de la main droite, elles
remplissent de gravier une batea ; laissant alors

tomber la pierre lest, en lâchant leur ceinture,
elles se dirigent vers la rive droite, où elles
lavent le sable qu'elles ont rapporté.

Dans la soirée nous étions de retour à
Tadó. Une éclaircie me permit de prendre une
hauteur de Canopus (32'12″) donnant la latitude N.

La pluie, qui survint, rendit l'observation un
peu douteuse. Cependant l'étoile devait bien
être près du méridien.

La chaleur avait été très forte : 29°,4.

Un violent orage éclata dans la nuit; il en
résulta une crue considérable du fleuve qui
m'empêcha de m'embarquer le matin, ainsi que
j'en avais l'intention.

J'employai la journée à recueillir divers renseignements ; ainsi j'appris que, dans le Choco,
le travail des alluvions est fait uniquement par
des esclaves ; les Indiens chocos lavent pour
leur compte, car ils sont libres, le sable charrié
par le fleuve.

Le 28 février, de bon matin, je continuai à
remonter le San Juan ; on me donna deux ra-

meurs chocos, montant une pirogue de grande dimension.

Sur la rive, je revis, plongeant au N., les couches bien stratifiées que je crois être de la grauwacke.

	Direction.	
6 h. 15	E.-N.-E.	
— 30	N.-N.-E.	
— 45	E.-N.-E.	Conglomérats de galets.
7 h.	E.	
— 15	E.-S.-E.	Rapides. Les Indiens chocos sautent à l'eau et traînent la pirogue.
— 30	E.	
— 45	N.-E.	Sur la rive gauche, entrée du rio Tadocito.
8 h.	E.-N.	Sur la rive droite, entrée du rio Solera.
— 15	N.-E.	Roches stratifiées inclinant au S.-O.

Nous voyons plusieurs négresses plongeant dans le San Juan, lestées avec une pierre reposant sur leurs fesses, pour retirer du sable aurifère; je constate qu'elles tiennent la tête sous l'eau pendant 15 secondes.

	Direction.	
8 h. 30	N.-E.	Sur la rive droite, entrée du ruisseau Tarumba.
— 50	N.	Sur la rive gauche, entrée du ruisseau Moya.
9 h.	N.-N.-E.	
— 15	»	

Halte sur la plage pour déjeuner. Galets de syénite porphyrique. Nous remontons en pirogue à 9 h. 47.

		Direction.	
9 h.	55	N.-N.-O.	Sur la rive gauche, entrée du rio Santa Barbara.
10 h.		N.	
—	10	N.-N.	Rive droite, entrée du ruisseau Lecuro.
—	15	N.-E.	
—	25	E.	Rive droite, entrée du rio San Antonio.
—	30	N.-N.E.	
—	42	»	Rive gauche. Entrée del Palmito.
—	55	E.	Rive droite, Quebrada Yarelin.
11 h.		E.	
—	15	N.-E.	Rive gauche. Quebrada Scoroto ou de Guaduas.
—	30	N.-E.	
—	45	N.-N.-E.	
12 h.		E.	
—	15	»	
—	20	S.-E.	Rive droite, Quebrada Chevadé.
—	30	»	Le rio San Juan est encaissé entre des roches stratifiées, inclinant de 80° au N.-N.-O.
—	45	»	Rive droite, Quebrada Honda.

Nous arrivons à l'*angostura*, un point où le fleuve est très resserré, n'offrant qu'une berge très limitée sur la rive droite, où nous débarquons.

C'est une gorge profonde, agreste, environnée de palmiers, à renflement au tronc, palmas barigonas (palmiers ventrus).

Les Indiens Chocos, sans nous dire un mot, sans faire un geste, arrangèrent leur pirogue et descendirent le San Juan à force de rames. Je remarquai qu'ils emportèrent plusieurs bottes d'une plante ressemblant aux solanées. On m'assura qu'ils s'en servaient pour pêcher. Ils étaient pleins de défiance.

J'avais remis leur salaire, 2 piastres, à l'alcade de Tadó, qui probablement ne leur avait rien donné. La méfiance des Chocos pour les hommes blancs est la conséquence des procédés peu délicats dont on use à leur égard.

On me racontait qu'un gouverneur de Novitá, épris de la compagne d'un Indien, imagina, pour éloigner le mari, de le charger d'une dépêche pour une autorité de Charambirá, sur l'océan Pacifique. Le jour suivant, l'Indien se présenta dans son canot avec sa femme.

— Mais, dit le gouverneur, pourquoi emmener ton Indienne; tu iras moins vite.

L'indien se borna à répondre :

— Toi penser, moi penser aussi.

Et aussitôt il lança son embarcation en aval.

A l'Angostura, des mulâtres étaient occupés à construire des *balsas* (radeaux) pour embarquer du bétail à destination de Novita : c'était une tentative. Généralement on n'approvisionnait pas l'intérieur du Choco avec de la viande sur pied.

Il était trop tard pour me rendre aux lavages d'or platinifère du real de Minas de Pureto ; il fallut bivouaquer aux bords du San Juan.

Sur une berge étroite on voyait les vestiges d'un campement. Nos hommes voulaient absolument s'y établir, ce que je ne jugeai pas prudent. Nous étions au niveau des eaux : la moindre crue devait nécessairement nous atteindre. Le ciel était sombre : le tonnerre grondait dans le lointain ; je me décidai à camper dans la forêt : à 8 ou 10 mètres au-dessus du fleuve. On verra que nous eûmes à nous applaudir de cette résolution.

La roche stratifiée de l'Angostura est identique à celle du Tadó. On la prendrait pour un grès :

c'est son aspect cristallin qui la fait ressembler à un grauwake. On la rencontre dans toute la vallée du Tamaná; sa couleur est d'un gris sale. En l'examinant avec plus d'attention que je n'avais pu le faire, j'incline à penser qu'elle constitue un véritable porphyre. A la loupe, on lui reconnaît, ainsi que je l'ai dit, un facies cristallin. Elle fond très aisément au feu du chalumeau en un verre noir, dans lequel on distingue quelques points blancs; sa masse est évidemment feldspathique. Elle est colorée par des particules d'amphibole disséminées; c'est un grünstein, et, ce qui est rare, un grünstein disposé en strates. Toutes les roches font une légère effervescence quand on les met en contact avec un acide; c'est un caractère général des porphyres métallifères des Andes. Ces grünstein me paraissent superposés aux schistes à Juntas de Tamaná et je suis enclin à les rapporter au grünstein stratifié que supporte la syénite porphyrique à la Véga de Supia, ainsi que dans la province d'Antioquia, et que quelquefois j'ai pris pour une roche arénacée, ces grünstein ressemblant à du grès.

Le lit du San Juan à l'Angostura est creusé

dans le grünstein stratifié que je viens de
décrire.

Sur la rive opposée à celle sur laquelle nous
avions débarqué, il y a une coupe de terrain
fort intéressante. On y voit, de la manière la plus
nette, des couches presque verticales de galets;
de cailloux roulés de syénite porphyrique, en-
clavées entre les strates de grünstein, et où elles

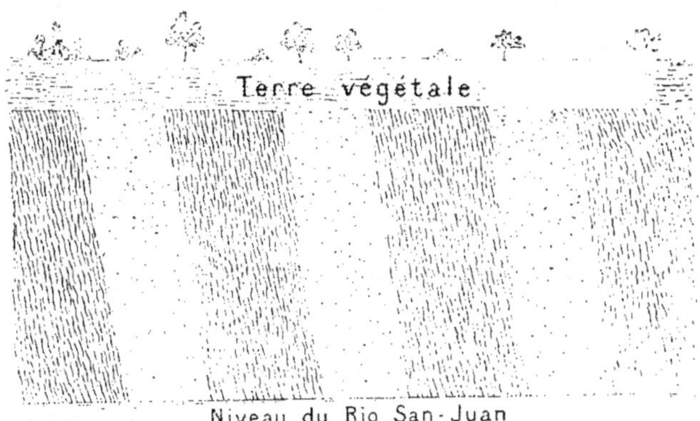

paraissent avoir été produites par les alluvions
qui ont remplacé, en arrivant par en haut, les
couches détruites.

En remontant le San Juan, depuis Tadó, plusieurs fois j'avais remarqué des couches de cailloux roulés, des galets, intercalés entre les

strates de grünstein, mais il ne s'était pas offert un arrachement de terrain où la disposition fût aussi nette qu'à l'Angostura. A ce point je trouvai pour altitude 151 m.; temp., 24°,4.

Nous passâmes une terrible nuit. Le soir, le ciel était couvert; de nombreux éclairs annonçaient au N. un orage dans les montagnes. A 1 h. 1/2 de la nuit, un de mes hommes me réveilla en me criant que la rivière allait entrer dans le bivouac. L'orage était violent et je vis, en effet, à la lueur des éclairs, que l'eau n'était plus qu'à 4 ou 5 pieds au-dessous de notre gîte; le fleuve avait cru de plus de 20 pieds depuis le soir et il continuait à monter.

Aussitôt j'ordonnai d'attiser le feu pour nous éclairer; déjà l'eau n'était plus qu'à 3 pieds; le mugissement du San Juan était épouvantable. Je reconnus avec anxiété que nous ne pouvions nous élever, dans la forêt, que de 10 ou 12 pieds; derrière l'arête de terrain que nous occupions passait un autre torrent tellement impétueux qu'il n'était plus possible de le franchir. Nous étions totalement surpris entre deux énormes masses d'eau animées d'une incroyable vitesse. La pluie tombait toujours à flots; le bivouac était inondé, la position devenait de plus en plus critique. Mes cargueros, désespérés, entonnèrent des chants religieux, invoquant les saints du paradis.

J'ordonnai alors d'abattre des palmiers, de couper des lianes pour la construction de deux radeaux, afin de fuir, en descendant le San Juan, jusqu'à l'Océan, si nous ne pouvions aborder. A ceux que la peur immobilisait, j'appliquai quelques coups de plat de sabre, en leur criant, car il fallait crier, tant le bruit des eaux dominait la voix, que l'on pouvait prier en travaillant. Le fleuve montait toujours; la forêt était splendidement éclairée par un feu électrique incessant; il tonnait à coups redoublés; nous assistions à une scène grandiose, terrible, impossible à décrire. Un arbre gigantesque de la rive opposée fut frappé de la foudre; toutes les feuilles devinrent lumineuses à la fois; ce fut un effet magique. Autour de nous, plusieurs palmiers furent foudroyés.

La crainte de la mort, quand elle ne paralyse pas les facultés, est un puissant stimulant. Je n'ai jamais compris comment, en aussi peu de temps, nos deux grands radeaux furent sinon terminés, du moins aussi avancés : les bois abattus, les lianes prêtes à être employées ; il ne restait plus qu'à faire les ligatures pour mettre à flot ; ce ne fut pas nécessaire : la crue s'arrêta ; l'eau baissa rapidement.

Assis sous un parapluie improvisé avec des feuilles, je voyais sur le fleuve des arbres arrachés au sol par la tempête, descendre les flots avec une rapidité vertigineuse.

La pluie cessa avec l'orage. Après un bien maigre repas, nous dormîmes pendant une heure pour nous remettre de nos fatigues. Quand je me réveillai, le fleuve était rentré dans son lit ; j'estimai que la crue avait atteint une hauteur de 30 pieds.

Le 1er mars, à 9 heures, le ruisseau qui nous avait beaucoup inquiétés, parce qu'il coupait notre retraite vers la forêt, se trouvait presque à sec. Pour me rendre au real de Minas de Puerto, que je devais visiter, je n'avais qu'un renseignement : marcher au Nord, c'est-à-dire cheminer, en remontant le San Juan, en traversant ses nombreux affluents.

En réalité, nous nous trouvions dans un dédale

de ruisseaux, tout aussi bien les sources du San
Juan que celles de l'Atrato : en effet, tel petit
ruisseau, dont l'eau va au Pacifique, n'est qu'à
2 ou 3 milles de tel autre qui mène à l'Atlan-
tique. C'est cette courte distance qui sépare le
filet d'eau de Caramantá, allant au San Juan, d'un
des filets d'eau de l'Aguita, affluent de l'Atrato.

Bientôt après avoir reçu le rio Tatama, le San
Juan perd son nom : on est alors sur un point
assez élevé de la pente ouest de la Cordillère.

Je n'oublierai jamais ce que nous avons souffert sur un sol aussi détrempé où nous enfon-
cions dans la boue. Après 3 heures d'une marche
aussi pénible, on fit halte près d'un ruisseau où
nous pûmes étancher notre soif ardente. Peu
après on arriva au rio Pureto, tout près du point
où il se jette dans ce que je nommerai encore
le San Juan.

Là, le Pureto tombe en une magnifique cascade ; nous ne le traversâmes pas sans difficulté.
Au-dessous de la chute, le courant était si fort
que l'on eût été entraîné et perdu. C'est à 3 ou
4 mètres au-dessus de la nappe d'eau d'amont
que nous en fîmes la traversée ; c'était encore

assez profond pour qu'on pût prendre pied. Ce fut mon nègre Vincente qui me le fit passer. Je me tins à sa ceinture de cuir et je flottai jusqu'à l'autre rive. Il était 2 heures lorsque toute l'expédition eut franchi le Pureto.

Après 4 heures de marche, je rencontrai, sur un ruisseau, un petit canot poussé par un jeune nègre qui se rendait aux mines. L'eau était si peu profonde que je soupçonne que nous nous trouvions en présence d'une dérivation du Pureto. Je montai dans le canot, il ne flottait pas ; on le faisait rouler sur les galets.

J'ai revu, plus tard, cette singulière manière d'utiliser les cailloux roulés que l'eau couvrait à peine. J'appris aussi, non sans regret, que j'aurais pu adopter ce moyen de transport à partir de l'Angostura.

Après avoir aidé à sortir d'un bourbier, où il allait périr, un petit Indien Quinchiú qui m'accompagnait en amateur, j'arrivai à la tombée de la nuit au Real de Minas de Pureto. J'eus la bonne fortune d'y rencontrer le majordome, Tomas Ayalá, dont je connaissais la famille, un excellent homme, qui m'accueillit de la manière la plus cordiale.

J'étais exténué. Après une copieuse ablution, on me donna à manger des œufs frits, du chocolat, et on me fit boire une forte ration de rhum, puis je me jetai sur un hamac tendu sous un hangar où je dormis d'un somme jusqu'au lendemain matin.

Une fois levé, une vieille négresse, une *curiosa*, un vrai docteur, pansa, avec certains jus d'herbes, les plaies que j'avais aux jambes ; je me trouvai alors en état de visiter les lavages. Il avait plu toute la nuit au real de Pureto où, d'ailleurs, dans tout le cours de l'année, il ne se passe peut-être pas un jour sans pleuvoir.

L'alluvion du real de Pureto repose sur un grünstein à grains fins ; les métaux précieux en sont disséminés sur une mince couche argileuse remplie de fer titané. Les cailloux roulés recouvrant la *Cinta* sont identiques à ceux de toutes les alluvions de la vallée de San Juan.

L'or extrait à Pureto, par des moyens sur lesquels je n'ai plus à revenir, est pauvre en platine. On n'obtient guère par an que 10 livres de ce métal. Tout le Choco n'en produirait pas au delà de 4 quintaux. Il est vrai que la production s'élève lorsque le prix du platine augmente, quand la livre se vend, par exemple 25 piastres, mais alors ce n'est pas le métal extrait des lavages actuellement en activité, c'est celui que l'on va chercher dans des mines abandonnées. On obtient alors du platine sans or; ainsi que je l'ai fait observer dans le jardin du curé de Tado.

C'est du real de Minas de Pureto que provenait un anneau en platine, une *argolla* que j'avais vue à Bogota, ornement que les Indiens portent suspendu au cartilage, séparant les narines. Cet ornement est fort usité, mais ordinairement il est en or. L'argolla en platine conservée à Bogota a été faite, à n'en pas douter, avec une pépite ; elle a 2 centimètres de diamètre et son poids est de 30 grammes.

A midi, j'eus pour altitude du real de Minas 185 m.; temp., 26°,7. Nous nous étions élevés de 34 mètres au-dessus de l'Angostura de San Juan.

Quoique les mines de Pureto soient au milieu d'un terrain sillonné par de nombreux ruisseaux, l'eau est insuffisante pour le travail, parce qu'elle est à un niveau trop bas; il en résulte que des parties d'une grande richesse ne peuvent être lavées; je puis citer, parmi ces dernières, les alluvions du rio Iro et du rio Viroviro.

Je partis du real de Minas le 2 mars à 4 heures du soir, en remontant le Pureto dans un petit canot roulant sur les galets; un quart d'heure après nous entrions dans le rio *Anime*, laissant à notre gauche celui de Pureto. A 5 heures, nous débarquâmes près d'une maison où nous devions passer la nuit; elle était habitée par des nègres couverts de *bubas* vénériennes.

De cette station, on relevait Novita au Sud et Tado au Sud-Ouest.

El Anime est sur la route que l'on suit pour arriver, en six heures de marche, au Puerto de Andaguirá. Le terrain est plat; c'est une langue de terre séparant les affluents du San Juan de ceux del Atrato, c'est-à-dire qu'elle sépare les bassins des deux fleuves.

Le 3 mars, à 6 heures du matin, nous remontâmes à pied les bords d'el Anime, que nous traversâmes plusieurs fois; réellement nous marchions dans la rivière en avançant à l'E.-E.-N.-E.

À 7 heures 1/2, nous étions à la jonction de la Quebrada del Lavadero (alt., 281 m. ; temp., 25°,5). La roche est un grünstein altéré.

Du Lavadero, nous montâmes jusqu'à l'Alto d'Aramuguera (alt., 370 m. ; temp., 25°), d'où l'on descend dans le torrent du même nom (à 8 heures 1/2, alt., 277 m. ; temp., 25°).

Nous suivîmes pendant quelque temps l'Anamuguera d'où nous sortîmes pour gagner le rio San Juan ou, si l'on veut, un des affluents de ce fleuve, à l'embouchure de la Quebrada del Arastradero, où nous étions à 11 heures (alt., 218 m. ; temp., 26°,7).

L'Arastradero roule des galets de grünstein porphyrique. Le San Juan coule à l'O. Nous en suivions le cours en remontant la plage. À midi nous atteignions l'Alto del Arastradero, sur la roche porphyrique (alt., 378 m. ; temp., 25°,5).

Nous traversions plus loin (à 1 heure) une Quebrada nommée Agua Clara, sur la syénite porphyrique décomposée (alt., 302 m. ; temp., 27°,2).

À 2 heures, nous passions le ruisseau Agua Clarita, à 3 heures le rio Mombú où il y a un grünstein presque compact, vert foncé, dans lequel on voit comme des rognons de syénite porphyrique.

A 4 heures, nous prîmes gîte dans le tambó (abri) de Mombú, construit là où la rivière Mombú coule à l'O. Il appartient au bassin de l'Atrato. Nous étions sortis du San Juan par une marche au Nord. La vallée spacieuse nous parut d'autant plus agréable qu'on était hors des marécages, de l'humidité permanente. Le terrain est déjà très accidenté.

L'or qu'on retire du Mombú contient, assure-t-on, du platine (alt. du Tambó, 248 m.; temp., 24°,4). La nuit fut bonne au Tambó. Malheureusement le ciel resta nuageux, impossible d'avoir une latitude.

Le 4 mars, à 8 heures, nous commençâmes à gravir une côte jusqu'à l'Alto de Mombú, où nous nous arrêtâmes à 9 heures, après avoir constamment marché sur la syénite porphyrique décomposée, dans laquelle j'observai un hydrate d'oxyde de fer (alt., 593 m.; temp., 25°3).

De l'Alto, on descend au rio Marmolego, où j'ouvris le baromètre à 10 heures (alt., 297 m.: temp. 27°). A 11 heures, longeant le lit du Mar-

molego, nous passions la Quebrada Anton (alt.
barom., 29 pouces angl. 20; temp., 26°,7) pour
monter ensuite à l'Alto du même nom (à 1 heure,
alt., 560 m.; temp., 25°).

Dans le lit de la Quebrada Anton, on observe
sur une grande étendue une roche de quartz très
dure, grise, intercalée dans le porphyre. Après
avoir passé et repassé le ruisseau, on traverse
le rio Guatapa.

A 5 heures, nous nous disposons à coucher
sous un Tambó établi près du rio Gitó, qui probablement se dirige vers le Cauca. Nous étions
au milieu d'un magnifique groupe de palmiers
barrigonas en pleine floraison (alt., 349 m.;
temp., 25°).

Le Gitó charrie des blocs, des galets de grünstein porphyrique.

Le 5 mars, à 8 heures, en sortant du Tambó,
après avoir franchi le rio Gitó, le premier ruisseau que nous rencontrâmes, fut le Sinto. La
route ne présentait aucun obstacle; le temps
était beau; John Lane n'avait plus la fièvre qu'il
avait contractée à Novita; l'expédition éprouvait
un vif sentiment de bien-être après avoir été
constamment mouillée depuis un mois.

A 4 heures, nous étions devant le rio Aguita venant du N., et se jetant dans le San Juan un peu au-dessus du torrent de las Piedras, précisément au point où, sur la rive gauche, entre le rio Tatamá (alt. 465 m.; temp. 25°,1). Le rio Aguita est certainement un des affluents les plus importants du haut San Juan.

Les rares indiens que j'ai pu consulter assurent que cette rivière, surtout vers ses sources, est riche en poudre d'or contenant des grains de platine, tandis que, dans cette localité, les sables du San Juan sont pauvres en or et que cet or n'est pas platinifère. Ces faits, s'ils étaient bien constatés, auraient leur importance. On en conclurait que l'Aguita sort des montagnes porphyriques, comme la plupart des cours d'eau que nous avions vus sur notre route, tandis que le San Juan ou plutôt les ruisseaux formant les sources de ce fleuve, naissent dans un terrain non aurifère.

Près de l'Aguita, je revis des couches presque verticales, inclinant au S.-O., d'un quartz très fragile, appartenant à la formation schisteuse, se développer dans la Cordillère occidentale. Cependant, à Aguita, on n'observe pas de schistes.

Bien que la rivière fut très basse, nous eûmes de la peine à la traverser, à cause de la rapidité du courant. Nous prîmes gîte dans le Tambó d'un indien où la nuit fut bonne, malgré un gros orage.

Le 6 mars, à 7ʰ 1/2, nous suivîmes un *desecho* (sentier) des plus scabreux, placé sur l'arête des couches de quartz et longeant la rivière.

Nous fîmes une rencontre assez curieuse : celle de deux indiens Chocos, l'un armé d'une lance portant un dard en *fer* poli, évidemment d'origine européenne, coiffé avec des plumes, ayant un collier en verroterie, auquel était attaché un fragment très irrégulier de glace étamée, qui lui tombait sur la nuque. Son corps était couvert des peintures les plus bizarres. L'autre indien le suivait, se regardant fréquemment dans le miroir de son compagnon ; il était tout nu, sans aucune peinture. En nous voyant, les indiens nous demandèrent, par signes, du tabac. Ils passèrent ensuite de l'autre côté de la rivière, en sautant de pierre en pierre, avec la légèreté de clowns, et disparurent dans la forêt. Qu'allaient-ils y faire ?

Sortant du lit de l'Aguita, nous gravîmes une

côte, **qui** nous conduisit à l'Alto de la Orqueta
(fourche) (alt. 735 m., temp. 25°). Nous étions
sur un schiste argileux, pareil à celui de la
Junta de Timaná.

Nous descendîmes ensuite dans le lit du rio
San-Juan, ruisseau schisteux que nous avions
suivi et qui sépare l'Aguita du San-Juan (à
11 heures, alt. 542 m.; temp. 25°,5). Nous étions
dans un village proche de l'embouchure du
Tatamá, dans le San Juan. Il n'y avait personne:
les indiens étaient allés dans la forêt, où ils
cultivaient de petites plantations de maïs.

Après avoir fait un maigre repas, nos provisions étant réduites à bien peu de chose, nous
commençâmes une montée des plus pénibles:
nous étions en plein soleil et dépourvus d'eau.
Le sol, complètement desséché, était si brûlant,
qu'on pouvait à peine y maintenir la main.

Nous arrivâmes

A 1 h. à l'Alto de San Juan Alt.	1 082ᵐ	Temp.	24°
2 — à Cieneguita	— 1 382		»
4 — à Umará	— 1 500		23°

J'espérais arriver à Chami, mais nous étions
trop fatigués. J'avais été frappé d'insolation en
gravissant la côte de San Juan: mes pulsations

devinrent si fréquentes, si fortes, que j'eus de l'inquiétude. Mes hommes n'étaient pas en meilleur état. Nous fîmes halte dans la forêt où nous nous couchâmes sans manger, circonstance d'autant plus fâcheuse que nous étions affamés. La nuit, ce fut la soif qui nous tourmenta. Mon indien Quinchiú partit à la recherche de l'eau, en descendant dans un ravin. Comme on entendait le rugissement du tigre, l'indien, pour se rassurer, chantait d'une voix tremblotante : j'envoyai un homme armé pour l'accompagner. Ils rapportèrent de l'eau croupie, une infusion de feuilles moisies, qu'il fallut passer à travers un linge pour la boire.

Le 7 mars, à 7 heures, nous prîmes la route de Chami. Le point où nous avions bivouaqué était à l'altitude de 1 496 m. ; temp. 19°,4, à 7 heures du matin ; nous marchions sur le schiste. Une pente douce nous conduisit à 9 heures à l'Alto de Suayá (alt. 1 623 m,, temp. 19°). Nous suivions une *cuchilla* (ar. de partage).

A 9 h. 3/4, on arriva au Tambó de Suayá (alt. 1 596 m., temp. 19°). Schistes.

Je laissai mes hommes au Tambó et je pris les devants ; je ne fis que descendre et monter

jusqu'à une hauteur dominant le village de
Chami. Là je me trouvai au milieu d'une trentaine d'indiens peints et tatoués qui se repo-
saient ; ils portaient des branches de palmier
destinées à renouveler la couverture de leur
église : c'étaient des connaissances ; tous m'en-
tourèrent affectueusement en m'appelant *compadre* ; il était 1 heure lorsque j'entrai dans le
village. Je me logeai chez le missionnaire qui
m'accueillit avec joie et me servit un déjeuner
dont j'avais le plus grand besoin.

Chami est une mission comme on en voit dans
les pays montagneux. Les cabanes sont perchées
çà et là sur la côte. J'avais pressé ma marche
pour passer le dimanche avec les indiens. Ce
jour-là on les contraint d'assister à la messe et
à la doctrine dont, il faut le reconnaître, ils se
soucient fort peu. Le reste de la semaine, ils se
retirent dans leurs *chacras* ou se mettent en
chasse et en pêche. Les alentours de Chami sont
très boisés.

Le dimanche matin, 8 mars, les indiens étaient
fort nombreux : ils savaient d'ailleurs qu'ils
verraient leur ami, le commandant don Juan :

c'était pour eux, et *pour elles*, un grand sujet
d'attraction : don Juan, qui pouvait porter trois
indiens, un sur chaque bras, et le troisième à
califourchon sur ses épaules. Les hommes étaient
nus ; les femmes portaient la *pampilla*, morceau
d'étoffe de coton. Les dimensions en sont si exi-
guës qu'en dépeçant un foulard, j'ai vêtu décemment dix indiennes qui en éprouvèrent une joie
enfantine. Pour montrer leur vêtement, elles le
levaient, avec une indifférence... Je n'avais été
généreux qu'avec les jeunes. La femme du curé,
car il vivait maritalement avec une métisse de
la Véga de Supia, regrettait que je ne lui eusse
pas donné mon foulard, au lieu de le diviser
en morceaux pour faire plaisir à des idolâtres.

La plupart, indiens et indiennes, étaient
peints en rouge avec de l'*achiote* (rocou) ou en
bleu, avec le suc d'un fruit à pulpe blanche, devenant graduellement bleu foncé quand il est
appliqué sur la peau.

Après qu'on eut sonné la cloche, les indiens,
conduits par le cacique et le gobernador, en-
trèrent tous dans l'église où il n'y avait que
trois personnes vêtues : le curé, sa femme et
moi. Tous les assistants se mirent à genoux, et

quand le prêtre leur fit signe de baiser la terre,
j'étais aux premières loges, à la porte de l'église,
pour observer, sans commettre d'indiscrétion,
les parties sexuelles des indiennes qui, toutes,
avaient les fesses en l'air. Singulière exhibition
dans un temple!

Le curé exerça d'abord les néophytes à faire
le signe de la croix, ce qu'ils exécutèrent assez
mal; puis il fit un sermon en espagnol, dont les
indiens ne comprenaient pas un mot; en ex-
ceptant toutefois le cacique et le gobernador.
Enfin la messe commença, l'assistance ne prê-
tait aucune attention au service divin. Elle riait
et chuchotait; le cacique rappelait les néophytes
aux convenances en leur appliquant des coups
de bâton sur les épaules.

Les Chamis mènent une existence vagabonde.
Ils aiment la forêt, à suivre les cours d'eau pour
pêcher et chasser, pendant des semaines, laissant ordinairement à leurs femmes, qu'ils trai-
tent durement, le soin de cultiver le maïs, le
manioc (cassave).

Le maïs est la base de leur nourriture végétale : c'est du reste le cas de toutes les peuplades

de l'Amérique méridionale et du Mexique. Quand l'épi est encore éloigné de la maturité, ils le mettent cuire sous la cendre ; c'est alors un aliment farineux, légèrement sucré, le *cholo*. Avec les grains mûrs, trempés préalablement dans l'eau et broyés sur une pierre, ils font une pâte qu'ils modèlent en galette et qu'ils cuisent sur un plat en terre : c'est l'*arepa*, espèce de pain azyme ; ou bien, après avoir torréfié le grain, ils le broient, le réduisent en farine d'une teinte brune qu'ils délaient dans l'eau froide. L'indien en fait surtout usage pendant ses pérégrinations. Je les ai vus souvent, après une marche forcée, s'arrêter près d'un ruisseau, tirer d'un petit sac une poignée de cette farine, la mettre dans une calebasse, ajouter de l'eau et avaler la mixtion. Enfin, c'est avec le maïs ayant commencé à germer, qu'ils préparent la *chicha*, dont l'usage est général dans les Andes.

A Chami on assure — car je ne l'ai pas vu pratiquer — que le maïs, à l'état où on le prend pour le faire fermenter, est moulu, non pas sur la pierre, à l'aide d'une molette, mais mâché par des femmes, qui le crachent dans un grand vase. L'âge des masticatrices ne doit pas surprendre, car les indiens, hommes et femmes, conservent leurs dents jusqu'à un âge fort avancé. Le vraisemblable de cette histoire est qu'on ajoute du maïs mâché au maïs broyé; on provoque la fermentation.

J'assistai à une *boracheria* (enivrement général). Ce que chaque indien, homme et femme absorbait de chicha est incroyable. Ces gens silencieux, au point qu'on serait tenté de les croire muets, parlent sans discontinuer quand ils sont sous l'influence de l'alcool, se prennent aux cheveux, luttent et tombent ivres-morts et s'endorment; les femmes étaient aussi ivres que les hommes. Durant cette scène, il n'y eut aucun acte d'obscénité; cela n'aurait pas manqué en Europe. C'est qu'il y a réellement plus de chasteté chez les indiens nus que chez ceux vêtus. Peut-être aussi que la race au teint cuivre, dénuée de barbe et de poils, est moins lascive que les races velues. Ce qui justifierait la remarque de Ninon de Lenclos au grand Condé quand, lui ayant fait observer combien il était velu, il lui récita le vers d'Horace :

Vir pilosus, vel libidinosus, vel fortis.

— Monseigneur, que vous devez être fort! lui répliqua la courtisane.

A la chasse, les Chamis emploient souvent des flèches dont la pointe est enduite d'un poison des plus actifs qu'ils extraient d'une espèce particulière de grenouille. J'ai vu le sol littéralement couvert de ces jolis batraciens, aux teintes les plus bariolées, ayant quelque chose de satanique. Malheureusement, celles que j'avais recueillies ont été perdues.

Voici comment les indiens opèrent:

Les animaux sont maintenus sur une planche que l'on approche d'un brasier. On voit alors surgir sur leur dos un liquide assez épais, dont on enduit le dard d'une flèche ou le bout aigu d'une *birote* (aiguille mince de bois de palmier, longue de 2 à 4 décimètres, avec laquelle on chasse à la sarbacane). La pièce étant enduite à l'une de ses extrémités, on la plante dans le sol près du feu pour en faire sécher la pointe. Ce poison, sécrété par les glandes d'un batracien, est tout aussi énergique que le curare, extrait d'une plante. Je n'ai pas vu le poison préparé par les Chamis autrement qu'appliqué sur les flèches: on n'en reconnaît pas la nature; ce que l'on peut affirmer, c'est qu'il conserve son action pendant de longues années.

La nuit, le ciel était couvert; il fut impossible de prendre une hauteur d'étoile. Heureusement le 8 mars, au sortir de la messe, je pus observer le soleil. A peine avais-je installé mon théodolite, que je fus entouré, presque étouffé par une foule d'indiens; le cacique fit former un grand cercle autour de l'instrument en distribuant la bastonnade à ses administrés; c'était un curieux spectacle de me voir viser et suivre l'ascension du soleil jusqu'à son arrivée au méridien; je ressemblais à un escamoteur opérant sur une place publique. J'obtins, pour la latitude Nord de Chami, 5°30, un peu plus au Sud que Supiá.

Chami est sur une *loma*, une côte qui sépare le rio, le torrent de Chami, du rio San Juan, dont la vallée s'ouvre à l'Ouest. Le Chami vient du Sud-Est et, après avoir fait un détour, il se joint au San Juan, au couchant du village.

Les indiens qui font de fréquentes excursions aux sources du San Juan, s'accordent à dire que

cette rivière naît dans les montagnes de Caramantá à l'Ouest du Cauca, à la hauteur d'Armá
située à environ 5° 35′ de latitude Nord, ce qui
est loin de s'accorder avec la position du rio
Chami indiquée sur la carte très confuse du
Choco donnée par M. Fonca de Léon.

Pendant que j'observais le passage du soleil
par le méridien de Chami, j'avais entendu le
son d'une trompe, instrument consistant en une
grande coquille marine, dont on tire des sons
très lugubres ; puis je vis, à ma grande surprise,
un indien faire vibrer une *gumbara* fabriquée à
Saint-Étienne. Je m'en emparai et, à la grande
satisfaction du musicien, je me mis à jouer les
airs très variés de mon répertoire ; j'obtins un
grand succès et, quand je rentrai au presbytère,
continuant mes mélodies, je fus suivi par une
centaine d'indiens qui ne savaient comment té-
moigner l'admiration que leur causait mon
talent.

Le curé m'avait préparé un lit dans une sorte
de soupente où je pus m'isoler, me reposer à
mon aise. A peine étendu sur une barbacane,
je vis apparaître la tête d'une jeune métisse dont

le regard semblait me tenir en arrêt. C'était la fille du curé, une enfant d'une dizaine d'années, que j'eus toutes les peines du monde à faire déguerpir ; j'avais sommeil, après avoir entendu une messe, fait de l'astronomie et de la musique. A mon réveil, je vis encore la jeune fille assise près de mon lit ; depuis, elle me suivit partout, comme l'aurait fait un chien ; j'en fis mon interprète, parce qu'elle parlait très bien l'espagnol et le chami.

Les habitations à Chami sont ce qu'elles étaient lors de la conquête : des huttes en cannes cylindriques, avec une très petite porte, toiture conique ayant une ouverture par laquelle s'échappe la fumée du foyer. Quant à l'intérieur, rien autre chose que trois pierres placées au centre de la cabane, trépied sur lequel on place les ustensiles dans lesquels on cuit les aliments. Quelques vases en terre cuite que chaque indien fait fabriquer, un petit banc en cannes, un hamac en fibres de palmier, une peau de tigre ou d'ours, le lit du ménage. Pas le moindre vêtement, car le Chami vit nu, quoique la température moyenne de la localité ne dépasse pas 25°.

A midi, j'ai trouvé au presbytère 23°, l'altitude étant de 1060 mètres, c'est, je crois, la limite de la température à laquelle l'homme puisse vivre dans une complète nudité. J'ajouterai qu'au Choco, l'air est généralement peu agité : c'est là une condition favorable, le vent étant certainement une cause puissante de refroidissement. Plus haut, dans les Cordillères, lorsque la température moyenne et constante se maintient à environ 20° l'indien porte des vêtements de coton, une chemisette et un *puncho* ou manteau, un caleçon d'indienne, une sorte de mantille et un lambeau d'étoffe enroulée, couvrant le corps depuis les hanches jusqu'au genou. Dans les montagnes élevées de l'équateur, le puncho est ordinairement en tissu de laine, de lama pour les pauvres, de vigogne pour les riches. Déjà à l'altitude et à la température de Chami je voyais, dans les temps humides, surtout pendant la nuit, les indiens se coucher très rapprochés les uns des autres, et à leur réveil ils étaient quelquefois comme engourdis.

J'avais toujours un vif plaisir à me rencontrer avec les Chamis. Souvent des groupes de ces

indiens venaient s'installer chez moi, quand je me
trouvais à Rio Sucio de Engurumi ; tous me con-
naissaient, et j'aimais à les observer parce qu'ils
représentaient l'état des indigènes lors de l'en-
vahissement de l'Amérique par les Espagnols.
Ils n'avaient pas changé de mœurs parce que,
heureusement pour eux, ils ont échappé, en raison de leur isolement, à la conquête des grands
civilisateurs des Andes, les Incas, et, plus heureusement encore, à la civilisation européenne.

Les Chamis vivent en familles, en clans, parlant des langues différentes, quoique les villages
soient souvent très rapprochés. Ces clans
étaient très répandus sur toute la surface de
l'Amérique méridionale — on n'a qu'à jeter les
yeux sur la carte de Vénézuéla, tracée par le
colonel Codazzi, et sur celle de la Nouvelle-Grenade du colonel Acosta, pour s'en assurer.

Ils étaient particulièrement établis sur la
pente des Cordillères, dans les terres chaudes
et tempérées, dans les forêts traversées par les
grands fleuves.

La civilisation indienne, dans la partie méridionale du Nouveau Continent, s'était surtout
développée sur les hauts plateaux, à climats

tempérés, par les Incas, depuis le lac Titicaca jusqu'à Quito, par les Zaques de Tunja, dans la Cordillère orientale. En réalité cette civilisation était une conquête, elle consistait à s'emparer, malgré eux, des clans indépendants. On allait chercher ces petites populations éparses pour les rassembler, les soumettre à un pouvoir absolu et en former de véritables phalanstères qui, pour le Pérou, notamment, ont excité, je ne sais pourquoi, l'admiration d'un historien illustre, Prescott.

L'homme dont on améliore l'existence ne saurait être satisfait, si l'on entrave sa liberté. C'était le cas pour ces familles indiennes qu'on arrachait à leurs habitudes pour les mêler à une population étrangère. Ces malheureux qu'on civilisait, c'est-à-dire, qu'on faisait travailler en commun, pour un chef qu'ils devaient respecter, adorer, à l'égal d'une divinité, regrettaient toujours la famille, le clan, la tribu. La preuve est que, lorsque les armées des Espagnols eurent renversé l'empire si puissant, si étendu des Incas, et, plus tard, le pouvoir du Zaque de Cundinamariá, les indiens déjà asservis s'empressèrent de regagner, quand ils le purent, les forêts, les pentes des Cordillères, d'où on les avait si violemment enlevés. L'indien, déjà catéchisé, resté sous la domination des missionnaires, saisissait, après la conquête, toutes les occasions d'échapper à l'autorité sous laquelle il avait passé, après la chute de ses chefs.

Dans un rapport secret, adressé au gouvernement espagnol, don Ulloa, l'un des officiers attachés aux travaux des académiciens français ayant pour objet la mesure du méridien terrestre sous l'équateur, dit que tous les Quichuas d'un important village des environs de Riobamba s'enfuirent, en emmenant avec eux leur missionnaire qu'ils aimaient beaucoup et le traitèrent avec tant d'affection, qu'il ne voulut plus les quitter, malgré les ordres réitérés de l'archevêque de Quito.

Sous l'empire théocratique des Incas, comme sous le règne des Zaques de Tunja, l'indien travaillait en commun pour la royauté, pour le clergé et un peu pour lui-même. On l'employait à ces grands travaux publics, sujet d'admiration encore aujourd'hui : la route ouverte de Quito à Cusco, des canaux d'irrigation, l'insti-

tution des Chasques, couriers piétons transpor-
tant les nouvelles avec une incroyable célérité ;
les monuments grandioses qui ont résisté aux
ravages du temps.

La subsistance de l'indien était assurée ; il
n'avait aucun souci ; des réserves, des magasins
de vivres, des vêtements permettaient de pourvoir à tous les besoins de la vie.

A première vue on est charmé du bien-être
que devaient ressentir les populations soumises
à un tel régime, mais l'individu y perdait toute
initiative, le sentiment le plus vif et le plus
utile de l'humanité, l'homme s'abrutissait, vivait comme l'abeille dans la ruche, comme la
fourmi dans la fourmilière. Les masses agis-
saient sous l'impulsion d'une intelligence unique
et supérieure émanant d'une aristocratie devant
laquelle elles n'avaient qu'à se prosterner et
à obéir.

Sans doute l'indien n'avait à redouter ni la
faim, ni le froid ; c'était assez pour la brute ;
c'était insuffisant pour l'homme, même quand il
n'est pas éloigné de l'état sauvage ; alors même,
il lui faut sa liberté d'action. L'indien était
nourri, c'est vrai, avec le maïs qu'il cultivait ;

mais il ne mangeait guère autre chose ; il était rationné comme le bétail qu'il remplaçait dans des régions où il n'existait pas de bêtes de somme. La viande n'entrait plus dans son alimentation ; bien que dans l'abondance, ayant tout ce qui lui était nécessaire, il n'avait rien à lui, pas même sa personne ; il ne s'appartenait pas ; on l'incorporait dans une masse qu'on envoyait soit en guerre, soit sur les chantiers de l'État.

Les mitamayeros — on désignait ainsi et on désigne encore à Quito, les indiens violemment transportés sur les plateaux élevés par ordre des Incas —ne cessaient de regretter amèrement les pays d'où on les avait brusquement enlevés. Là ils étaient leurs maîtres et jouissaient, sous les caciques, d'une liberté suffisante. Tout en cultivant le maïs, la chasse et la pêche leur procuraient les moyens de varier leur nourriture ; ils n'en étaient pas réduits à un aliment unique, ce qui, on peut en être certain, produit un effet fâcheux sur l'intelligence. Aussi l'indien des forêts était-il plus intelligent, plus adroit que l'indien civilisé, par cela seul qu'il avait à se préoccuper des moyens d'assurer son existence.

La race cuivrée, ainsi que toute autre race, redoute la contrainte, alors même qu'elle contribue au bien-être. J'ai assez vécu dans les missions pour savoir que cette race ne supporte pas, sans y être forcée, même l'autorité ecclésiastique. On n'a peut-être jamais fait un véritable chrétien d'un indien. Les cérémonies religieuses les divertissaient, pas autre chose. Mon excellent ami, le padre Bonafonte, ce vieux et vénérable missionnaire, en était persuadé. Il me racontait que son sacristain, né à Chami, dérobait le vin destiné au saint sacrifice de la messe en y ajoutant de l'eau, ce qui le faisait aigrir, et il ajoutait en riant : « Ce drôle m'a fait avaler plus d'une fois le bon Dieu à la vinaigrette. »

L'indien, lorsque le climat lui permet de vivre nu, répugne à se vêtir; en voici une preuve :

J'avais une lettre de recommandation du père Bonafonte, pour un blanc, le señor Noboa, établi à Chami; cet homme avait épousé la fille du cacique qui lui apporta en dot quelques livres de poudre d'or. Noboa était absent quand je me présentai chez lui. Sa femme me reçut: je

la trouvai nue, étendue sur son lit. C'était une
grosse mère passablement déformée par l'embonpoint; elle se leva, m'accueillit sans le
moindre embarras et pensant que je devais être
surpris de voir l'épouse d'un caballero blanco
sans autre vêtement que la pampilla ou *qué*, elle
me dit qu'elle ne se trouvait à son aise que dans
l'état ou je la voyais, le seul qui convenait à
une indienne. Elle s'exprimait assez bien en
castillan, quoique avec un accent guttural très
prononcé et, ouvrant une caisse, elle en tira un
assortiment de robes, de bas, de chemises, de
brodequins, pour me prouver que les moyens
de faire de la toilette ne lui manquaient pas,
grâce à la générosité de son mari ; puis elle
appela ses enfants, un garçon et une fille habillés à l'européenne. La scène était amusante.
La señora Noboa m'offrit un cigare et elle continua à parler avec un certain entraînement.
Pendant cette conversation, le señor Noboa
arriva, lut la lettre que je lui remis et me fit
ses offres de service. C'était un individu sec
comme un morceau de bois, formant contraste
complet avec sa compagne, si bien en chair et
en graisse.

Les indiennes Chami, dans leur jeunesse, sont sveltes, bien proportionnées, des seins regardant le ciel, comme de charmantes statues. Il en est ainsi tant qu'elles ne sont pas réglées; aussitôt après, elles engraissent, et cela très rapidement; elles sont à l'apogée de leur beauté à l'époque où elles vont devenir femmes; l'embonpoint devient souvent excessif, sans qu'elles aient eu un commerce régulier avec les hommes, car ce commerce, toutes l'ont eu, avant l'âge de la puberté. Ce qu'il y a de singulier, c'est que, tout en engraissant, elles ne prennent pas de ventre ; Mme Noboa en offrait un exemple remarquable, de sorte que leur obésité n'a rien de difforme.

Le Chami est de petite taille, comme au reste toutes les races vivant dans les Cordillères. Je n'ai pas rencontré d'adulte ayant plus de 1^m,70 et moins de 1^m,50 de hauteur; leur forme est bien plus fine que celle des muyscas du plateau de Bogota.

Je ne sais si l'on peut dire si les Chamis se marient. Lorsqu'un indien et une indienne ont vécu ensemble, le curé exige qu'il y ait mariage, ce à quoi les intéressés se soumettent d'autant plus volontiers que la cérémonie est une fête suivie d'une boracheria (ivresse générale).

Voici quelques mots de la langue chami recueillis de la bouche d'un cacique :

Soleil.	Piesa.
Lune.	Edoco.
Étoiles.	Caincain.
Feu.	Tibucha.
Terre.	Yorro.
Eau.	Baniga.
Air.	Naun.
Homme.	Ambera.
Femme.	Nuena.
Enfant.	Guarra.
Tigre.	Ibama.
Couleuvre. Serpent.	Tama.
Grenouille. Crapaud.	Basó.
Poisson.	Retá.
Oiseau.	Ipanachaqué.
Pain.	Ipana.
Maïs.	Pé.
Banane.	Parta.
Tonnerre.	Ba.
Calebasse.	Salm.
Parler.	Bedea.
Vivre.	Trua.
Mourir.	Binsuna.
Rivière.	Dó.
Maison.	Té.

Cet idiome n'est pas désagréable à l'audition. L'indien parle lestement, sa voix est douce.

Le système de numération est simple : on compte jusqu'à 5, le nombre des doigts de la main.

J'ai vu peu d'indiens âgés, du moins je n'en ai pas rencontré ayant des cheveux blancs. Leurs médicaments sont empruntés au règne végétal. Chaque médecin (curandero) est réputé plus ou moins sorcier ; il en est ainsi dans tout le Choco, où les nègres sont surtout ceux que l'on consulte dans les cas graves pour les morsures de serpents, très fréquentes dans ces forêts marécageuses. Le remède qu'ils appliquent dans cette circonstance est la feuille d'une plante décrite par le botaniste Mutio, le *guaco*. On le met en cataplasmes sur la plaie et on en fait prendre une décoction, c'est un puissant sudorifique. Le charlatanisme ne manque pas aux curanderos. Quand ils ne peuvent se rendre immédiatement auprès du malade, ils envoient leur *montora* (bonnet) pour qu'on en couvre la plaie jusqu'à leur arrivée.

Le Chami, ou, comme on le dit pompeusement dans la mission, la *nation chami*, aurait échappé, ainsi que tous les Chocos, à l'absorption des Incas dont la marche au Nord ne dépassa pas le rio Mayo près de Popayan. Les Castillans du Pérou arrêtèrent les Fils du Soleil.

Les populations disséminées sur la pente de la Cordillère occidentale avaient jusque-là conservé leur indépendance. Il était dans la destinée de la race américaine d'appartenir aux plus entreprenants. Là, comme partout, une minorité audacieuse dominait une majorité indifférente. En fait, l'indien conquis devenait l'esclave du conquérant, et il est curieux de voir l'invasion espagnole mettre un frein à l'ambition des chefs surgissant dans la montagne. En définitive, partout les populations indiennes étaient en état permanent de guerre offensive ou défensive qui ne cessa qu'à l'arrivée d'une puissante domination étrangère. C'est ainsi que les Chocos échappèrent à l'asservissement.

Ces indiens, je les rencontrai constamment à la Véga, ils étaient chez moi comme dans leur mission. Que de fois, en rentrant à la maison, je trouvai un groupe de Chamis installés dans

ma cuisine, mangeant leur farine de maïs torréfié, préparant du poisson, rôtissant un singe;
leur carquois sur mon bureau. Puis ils partaient,
après m'avoir demandé un morceau de sel, leur
délices.

Je n'ai pas remarqué chez eux de curiosité.
Quand je voulais leur procurer un vif plaisir,
je faisais du feu avec un fusil.

J'éprouvais une grande satisfaction à me trouver en présence de ces hommes simples ; il m'est
resté de leur société des souvenirs ineffaçables.

Souvent, au sein de notre société policée,
dans les salons, chez l'Empereur, au milieu de
personnages considérables agités par tous les
genres d'ambition, mêlé à ces courtisans affi-
chant un luxe effréné, mes bons Chamis m'ap-
paraissaient ; je les voyais chassant, pêchant ou
assistant sans aucun profit aux instructions religieuses de leur missionnaire. Je me demandais
quels étaient ceux réellement heureux, ou les
plus puissants, ou les plus humbles de l'humanité.

Quand on n'est pas dénué de l'esprit d'observation et de sensibilité, on se complaît dans la
société de ces hommes simples, on trouve des

charmes dans leur existence ; ainsi, pour mon ami Goudot, le botaniste, un poète latent, c'était le comble de la félicité.

J'ai vu, à Paris, un homme riche, de bonne famille, qui, après avoir vécu plusieurs années dans la vallée des Amazones, repartit pour le grand fleuve, tant la société européenne lui était intolérable.

A moins d'être né avec une propension déterminée pour la vie contemplative, on peut cependant examiner si le bonheur que procure l'isolement dans ces contrées sauvages ne tiendrait pas au goût de l'amour physique, plastique, le seul qu'on pense éprouver dans cette situation et qu'il est si facile de satisfaire et si, dans l'âge mûr, cette existence aurait encore du charme. Toutefois j'ai connu des religieux qui, après avoir vieilli dans les missions de l'Orénoque et du Méta, ne ressentaient aucun désir de retourner en Espagne. Peut-être était-ce que, jouissant dans leur mission de la liberté la plus absolue, ils redoutaient de tomber sous le joug de la règle et de la discipline du couvent.

En faisant abstraction des nécessités factices développées par une civilisation avancée, telles

que l'ambition, le luxe, le besoin de faire parler
de soi, de laisser une réputation acquise par
l'intelligence et le travail, ce qui serait, d'après
de Humboldt, le pressentiment de l'immortalité
de l'âme, par intuition, on reconnaît que, partout, le mobile de l'activité de l'homme est
déterminé par la nécessité où il se trouve de
pourvoir à sa subsistance et à celle de sa famille.
Voyez ce qui se passe, dans une grande cité : on
va, on vient, on se démène pour ses affaires, on
se livre aux professions les plus pénibles, ceux
qui s'agitent dans ce tourbillon n'ont souvent
d'autre but que de pourvoir à leurs besoins : le
travail incessant est une des conditions de
l'humanité.

L'indien des grands fleuves, des forêts, des
steppes, passe tout son temps à chasser, à pêcher
avec une incroyable ardeur, il s'arrête, s'endort
quand il est repu, à son réveil, s'il reprend son
activité fiévreuse, c'est qu'il a faim.

Lorsqu'un être appartenant à notre civilisation se trouve mêlé à cette existence en quelque
sorte bestiale, il en contracte forcément les habitudes, et devient pêcheur, tant qu'il est alerte,
mais bientôt il ne saurait manquer de s'aperce-

voir du vide intellectuel où il est plongé : il jette alors un regard vers le monde où il est né et qu'il a quitté dans un moment d'entraînement; alors la plus splendide nature ne lui suffit plus ; la sensualité s'émousse, il se lasse d'une existence sans passions, sans plaisirs, sans événements.

Il me reste peu de chose à dire sur les Chamis. Le curé, le caballero Noboa les occupait comme cargueros; ils ne prenaient que des charges légères, une dame-jeanne de vin d'Espagne, quelques étoffes, de la viande salée qu'ils allaient chercher à Quibdo. On les payait misérablement avec des ceintures, des verroteries, des pierres fausses, quelques ornements de jayet. Du reste, s'ils étaient peu rétribués, il faut reconnaître qu'ils évitaient la fatigue. Ils ne marchaient jamais sans leurs flèches, sans leurs engins de chasse et de pêche et s'arrêtaient là où ils rencontraient du gibier ou du poisson.

Rarement on trouve plus d'un enfant dans la case d'un Chami. Je n'ai cependant pas entendu dire, ainsi qu'on l'a constaté à l'Orénoque, que les femmes se fissent avorter. Ces

indiens semblent avoir peu de réelle propension à l'acte vénérien.

Une señora de Rio Sucio, Anna de Clavez,
femme de charge du curé, m'assurait qu'ils restaient froids auprès du sexe et je soupçonne
qu'elle en savait quelque chose car ces indiens,
auxquels elle offrait fréquemment l'hospitalité,
dormaient d'un profond sommeil au pied de son
lit.

C'était un type que la señora Manuelita. Elle
avait alors 25 ans. Sa fille, qu'elle soustrayait
autant que possible aux regards des étrangers,
avait pour père mon bon ami le curé Bonafonta,
comme l'indiquaient ses yeux bleus. Manuelita
était d'un commerce agréable; bien modelée,
dansant avec grâce et dans la perfection le boléro, le fandango, en un mot fort appétissante :
c'était un cœur d'or, se prodiguant pour soigner
les malades. Plus d'une fois elle m'a fait avaler de ces fameuses infusions sudorifiques dont
les indiens ont le secret, quand je m'étais re-
froidi au milieu de mes courses.

Il arriva que cette excellente personne s'éprit
d'un de mes officiers *amanado* (associé) à une
señora *blanca*, une *niña* de 16 ans, fraîche

comme une rose, qu'il avait importée pour son usage. C'était reçu parmi nous. Le lieutenant, remarquant les allures de Manuelita à son égard. lui fit une proposition amicale : « Volontiers, répondit-elle, j'ai un *capricio* pour vous (*lo deseo*), mais si je consens à me livrer (*si se lo doy*), c'est à condition *que apartaremos la niña del medio*, ce qui littéralement signifiait : nous renverrons la demoiselle ; mais dans la bouche de la doña Manuelita, cette phrase exprimait une intention criminelle, et elle voulait dire : « Nous ferons mourir celle qui est placée entre vous et moi. »

Le jeune officier repoussa avec indignation une semblable proposition, en répondant laconiquement : « *Eso no.* » La liaison n'eut pas lieu.

L'homicide inspiré par la jalousie n'est pas rare dans ces contrées ; je ne sais si j'ai cité une tentative d'empoisonnement par le *soliman* (sublimé corrosif) qu'avait introduit une main féminine dans une tasse de chocolat destinée à un habitant de Cartago.

Dans l'état social du pays, les crimes de ce genre restent impunis. Les indigènes et les nègres connaissent nombre de végétaux doués des propriétés toxiques les plus énergiques. Les Muyscas employaient une décoction du fruit du *datura arborea* pour communiquer, suivant la dose, l'ivresse, l'idiotisme ou la démence. On produisait la cécité avec le jus des plantes de la famille des strychnées ; introduit en très faible quantité dans la circulation, il occasionnait la mort.

Le 9 mars, je laissai le village de Chami, après avoir donné l'accolade au curé, à son *amanada* (concubine) et à sa fille, jeune espiègle, qui m'avait suivi comme mon ombre et avait une indiscrétion naïve quelquefois fort gênante. Je laissai, en souvenir, à la mission une longue-vue, dont mon oncle, le colonel de dragons, s'était servi pendant l'expédition d'Égypte.

Je me mis en route à pied, à 9 heures, n'ayant pour chaussure qu'un seul soulier. On descendit en un quart d'heure jusqu'au rio Chami (alt., 901 m. ; temp., 22°,2). On remonta ensuite jusqu'à l'Asomadero (alt., 1242 m., temp., 22°,2).

Dans l'étroite vallée du rio Chami, le schiste constitue tout le massif principal de la Cordillère.

De l'Asomadero on continue à s'élever par une pente insensible jusqu'à l'Alto del Paramillo. Nous y étions à midi (alt., 2285 m.; temp., 17°,2), schistes plongeant à l'Est. C'est le faîte d'un ramification séparant les eaux allant au rio Chami et au rio San Juan des eaux dirigées vers le rio Oquia.

Dans le schiste altéré de l'Alto del Paramillo j'ai vu un affleurement de minerai de manganèse. Au delà, on observe une roche grenue, non stratifiée, renfermant quelques cristaux, un grunstein. Plus loin cette roche acquiert une apparence décidément porphyrique avec cristaux d'amphibole.

Nous déjeunâmes aux bords d'une Quebrada, la Robada, puis nous arrivâmes au Tambó de Oquia. Il était 2 heures (alt., 1858 m., temp., 18°,8). A 2 h. 1/2, nous passions le rio Oquia (alt., 1592 m., temp. 20°), syénite porphyrique.

La vallée d'Oquia s'ouvre au Sud. La rivière s'unit au rio Guatica et forme le Sopinga; la jonction a lieu un peu avant le village d'Anserma Viejo.

Nous passâmes la nuit dans le tombeau d'un indien. Je souffris du froid. Cependant au lever du soleil, le thermomètre marquait 13°,9. C'est que l'organisme devient très sensible au moindre abaissement de température après un séjour assez court dans une région chaude.

Le 10 mars, à 7 heures, nous suivîmes les indiens qui nous menèrent, par un sentier ouvert dans une épaisse forêt, à Guatica. A 10 heures nous avions atteint une hauteur nommée l'Alto de Quebrada Grande (alt. 2 209 m. temp. 20°). A midi, nous étions descendus dans le ruisseau del Salado où on exploite une eau salée, sortant d'un porphyre semblable à celui de Rio Sucio ; après avoir passé et repassé le rio del Salado, on arriva, à 2 heures, au rio Guatica. (Alt. 1 608 m.; temp. 25°5), grünstein porphyrique. La vallée du Guatica s'ouvre au S.-S.-O.

Nous entrâmes au village de Guatica, après une montée d'autant plus pénible pour moi, que j'avais toujours un de mes pieds sans chaussure.

Les indiens étaient absents. Je pris possession de la maison de curé. Les nuages me firent manquer une hauteur méridienne de Canopus (Alt. de Guatica : 1 971 m.; temp., 18°,3).

Le 19 mai, à 7 heures, nous nous dirigeâmes
sur Rio Sucio, en passant par la forêt del Oro.
Ce chemin est plus court que celui que l'on
prend par Quindiú. Du village je relevai
Anserma Viejo, exactement au Sud magné-
tique.

Passé par	Heure.	Altitude. Mètres.	Température.
L'Alto de Guatica..	7 1/2	2 175	18°,3
— Miomis..	8	2 285	18°,2
Quebrada del Oro..	Midi.	2 136	19°,4
Las Cruzes.	2	2 311	19°,5
Tusaja..	2 1/2	2 307	19°,1

Nous arrivâmes à Rio Sucio de Engurumi à
4 heures. Ma cuisinière, une mulatresse, l'etro-
nilla, avait préparé mon logement. La pauvre
femme se mit à pleurer, en voyant dans quel
état j'étais. Ce qui la chagrinait le plus, c'était
qu'un caballero blanc comme le commandant
don Juan fût arrivé à Rio Sucio sans chaussure
(descalzado) ainsi qu'un homme de couleur. La
bonne femme me lava, de la tête aux pieds,
puis me coucha, après m'avoir servi à déjeuner.

J'appelai le docteur Jervis, le médecin des
mines, pour panser les coupures, les écorchures

que j'avais aux jambes. Il m'ordonna le repos.
Puis j'eus la visite du padre Bonafonte qui
m'obligea à lui faire le récit de ma pénible expédition.

Entré dans le Choco, en partant d'Anserma
Nuevo, le 11 février, j'en suis sorti par la mission de Chami le 7 mai, après 34 jours de
marche, rendue pénible par la difficulté du
terrain et les détours qu'il fallait suivre pour
passer la Cordillère. Les sinuosités des cours
d'eau sur lesquels on navigue ne permettent
pas d'évaluer, même approximativement, le
chemin parcouru dans chaque journée. D'après
une carte erronée, en ce qui concerne le haut
Choco, nous aurions parcouru, si la marche
eût été en ligne droite :

	Milles.	
D'Anserma Nuevo à Juntas de Tamana.	24	O.-N.-O.
Sur le Tamana de Juntas à Novita.	14	O.
De Novita au San Juan.	8	O.-N.-O.
De San Juan à San Pablo. . . .	8	N.-O.
De San Pablo à Tadó.	10	E.-N.-O.
De Tado aux bouches du Jatmo.	19	E.-E.-S.-E.
	118	

En ajoutant à ces distances rectilignes au moins un tiers pour les détours, soit 39 milles, on aurait parcouru, en 34 jours, 157 milles soit, par jour. 4 milles. 6.

LXXV

Lettre de Boussingault père à son fils.

Paris, le 24 mars 1824.

Je ne sais, mon cher fils, si celle-ci sera plus heureuse que les autres, vu que j'ignore si tu les as reçues; car celles que j'ai reçues de toi n'en font pas mention, ou tu as oublié de m'en parler dans ta dernière de juillet 1823 et c'est ce qui manque à notre satisfaction; car je suis maintenant tranquille sur ta position. Selon ta dernière, tu parais te fixer à Bogotá Santa-Fé et je suis charmé que tu perdes le goût de tes voyages qui ne sont jamais sans danger; je le suis encore plus de l'espérance que tu me donnes de revenir bientôt dans ta patrie. Que Dieu te fasse la grâce d'exécuter le plus tôt possible ton dessein. Si je fais des vœux pour la conservation de tes jours et des miens, c'est pour avoir la consolation de t'embrasser encore une fois. Alors tous mes désirs seront satisfaits.

Dans ma dernière, je te faisais part de ma situation actuelle. Nous vivons tranquilles, avec notre revenu, qui peut nous suffire. Nous sommes chez M. Vaudet; j'ai un petit appartement de quatre pièces pour 300 francs par année, la vue sur le jardin et nous vivons dans une parfaite union et tranquilles. Ton frère va aux Arts et Métiers. Je lui donne en outre un maître de dessin et de mathématique dont je suis assez content: il ne manque à Cadet qu'un peu d'amour pour le travail.

Ta mère se porte bien, ainsi que tes tantes et tes cousines qui t'embrassent.

Si je suis assez heureux que tu aies reçu ma dernière du 15 novembre dernier, tu auras vu que nous avons été à Watzlar; nous y sommes restés cinq mois, pour terminer nos affaires; nous fûmes bien reçus. Ils regrettent beaucoup de ne t'avoir pas vu, étant si près de leur résidence; nous avons le plaisir de posséder ton oncle Louis, qui t'écrit un mot dans la présente.

Je t'embrasse, mon cher Boussingault, t'invite toujours à agir avec prudence et à ménager ta santé, et suis avec tendresse,

Ton père,

BOUSSINGAULT.

LXXVI

Lettre de Louis Boussingault à son neveu.

C'est avec un vrai plaisir, mon cher neveu, que j'ai appris, à mon retour à Paris, les progrès que vous avez fait dans les sciences. Je ne puis que vous exhorter à suivre la carrière brillante que vous parcourez. Vous avez tous les éléments possibles de réussite, dont les principaux, à mon avis, sont la santé, la jeunesse et l'amour du travail.

J'aurais bien désiré me rencontrer avec vous dans une des régions que vous explorez ; nous aurions causé voyages et admiré ensemble les œuvres imposantes de la Nature, qui ne se montre nulle part plus grande que dans le règne minéral.

Je désire de tout mon cœur qu'après avoir satisfait votre goût pour les voyages de long cours, et avoir acquis l'expérience nécessaire et la connaissance parfaite des pays que vous visitez, vous nous reveniez bien portant et chargé de documents curieux et scientifiques qui vous assureront un rang distingué parmi les savants.

Je compte l'année prochaine me réunir à ma famille, pour ne plus la quitter Il est inutile

d'ajouter que votre présence ajoutera essentielle-
ment à ma satisfaction.

Adieu, mon cher neveu, je vous embrasse de
tout mon cœur et serai toujours un de vos plus
vrais et meilleurs amis,

L. BOUSSINGAULT.

Le 28 mars 1824.

LXXVII

Lettre de Cadet Boussingault à son frère.

(Sur la même feuille que les deux précédentes.)

Mon cher frère,

Je t'écris quelques lignes dans la lettre à papa,
pour te donner de nos nouvelles, et pour que les
tiennes parviennent plus heureusement. Nous
avons eu le plaisir de voir notre oncle Louis ; mais
malheureusement, il n'a pas fait un grand séjour
auprès de sa famille.

Je désirerais bien, mon frère, que tu m'écri-
visses une lettre pour m'instruire de ce qu'il faut
que je fasse ; pense que j'aurai dix-sept ans le

10 juin ; destine-moi pour quelque chose que ce soit ; je suivrai tes conseils, parce que je sais qu'ils doivent être bons. Je vais toujours aux Arts et Métiers où je dessine la figure et l'architecture.

Quant au dessin, j'ai commencé trop tard pour être un Guérin ou un David ; ainsi, pour faire des croûtes, il y a, Dieu merci, assez d'artistes sans moi.

Quant à l'architecture, cette profession ne me plaît pas, car les entrepreneurs bâtissent sans les conseiller. J'apprends toujours la géométrie, que j'aime beaucoup. J'en suis à la levée des plans.

Je finis en t'embrassant de tout mon cœur et te souhaite toujours une très bonne santé.

Ton frère,

BOUSSINGAULT.

LXXVIII

Lettre de Mme Boussingault à son fils.

(Sur la même feuille que la précédente.)

Herzliebster Sohn,

Komm doch bald wieder in dein Vaterland. Ich werde nie glücklich sein ohne dich.

Adie, mein vielgeliebter, ich umarme dich tausendmal, und tausendmal im Gedanken.

DEINE GUTE MUTTER.

LXXIX

Lettre de M. Vaudet à Boussingault.

(Sur la même feuille que la précédente.)

Mon cher Boussingault,

Au milieu du concert de louanges et de félicitations dont tu es entouré, verras-tu avec plaisir la mercuriale qui va suivre? Qu'importe, je la risque.

Comment se fait-il qu'écrivant à M. de Humboldt, tu ne nous écris pas? car je pense que la même lettre aurait pu en renfermer une pour nous ; crois-tu donc que tes amis de Paris n'ont pas autant d'envie d'en recevoir que tes autres connaissances? Ne retombe plus, je te prie, dans cette faute, car cela contrarie beaucoup surtout tes parents.

Je te prie de ne pas nous oublier si longtemps, et comme tu sais que toutes les lettres ne parviennent pas à leur destination, écris-en plusieurs et envoie-les par différentes voies.

M. de Humboldt ne cesse de te donner des marques de son amitié et de son obligeance en faisant inscrire dans les journaux tout ce qui peut contribuer à te faire connaître ; aussi quand tu reviendras dans ton pays natal tu pourras compter sur une certaine célébrité.

Nous avons suivi tes conseils en faisant nous-même le mastic bitumineux dans une petite usine que nous avons montée dans la plaine de la Villette.

M. Dournay s'est assez mal conduit avec moi; car bien que nous soyons convenus d'un certain temps pour les fournitures qu'il m'a faites, le besoin d'argent l'a sans doute forcé à exiger son paiement. Comme je n'avais pas de titres autres que la parole de son frère, je n'ai pas insisté et l'ai soldé. Il n'en est pas de même de lui, qui me doit tou-

jours les outils que tu m'as fait faire; je crois bien
que c'est perdu.

Je crois bien que, quand tu reviendras, tu trouveras ton oncle réuni à notre famille: nous quittons la rue du Boisdoré dans trois mois pour
prendre possession du bâtiment que nous avons
fait construire et couvrir en mastic, rue du Parc-
Royal, n° 1, où tu peux adresser tes lettres.

Porte-toi bien; reviens bientôt et crois à mon
sincère attachement.

VAUDET.

LXXX

Lettre de Mme Vaudet à Boussingault.

Paris, le 17 mai 1824.

Mon cher frère,

Il y a neuf mois que nous n'avons reçu de tes
lettres, je ne sais à quoi attribuer un si long silence; car tu n'es pas négligent et tu sais avec
quelle impatience nous désirons savoir tout ce qui
te regarde.

Tu n'as jamais répondu à aucune de nos lettres ; est-ce qu'elles ne te seraient pas parvenues ?

M. de Humboldt a toujours la bonté de nous donner de tes nouvelles, quand il en a. Il nous a fait part de ta dernière du 5 février qui est venue fort à propos pour nous tranquilliser sur les événements que l'on disait s'être passés en Colombie ; je pense qu'ils ne sont pas fâcheux, puisque tu n'en parles pas. La Colombie est presque mon pays. Quand je lis le journal, je ne cherche que ce qui la regarde.

Tout en me tranquillisant, la lettre de M. Humboldt m'a bien chagrinée, tu n'es donc pas heureux, tu t'ennuies, tu n'aimes pas les gens qui t'entourent, que je te plains ! tu as été brouillé avec M. Rivero et pourquoi ? Tes autres compagnons de voyage, tu n'en parles pas. M. Rollin surtout m'inquiète beaucoup. Prends donc courage, mon cher Boussingault, supporte avec ta patience ordinaire tous les petits désagréments que tu éprouves ; tu seras récompensé de toutes tes peines bien amplement par la gloire que tu retireras, je l'espère, de ton voyage, par le plaisir que tu dois éprouver en faisant des découvertes utiles, et en admirant la belle nature ; par l'estime de tous les savants et surtout par l'amitié de M. de Humboldt. Oh ! comme il t'aime et que l'amitié d'un homme aussi estimable est précieuse à mes yeux. Cela seul doit te récompenser de tes travaux.

Mon Dieu! si tu n'es pas content, reviens bien vite; tu sais si nous serons heureux de te retrouver; tu trouveras chez nous une bien jolie chambre qui t'attend et une sœur qui t'y recevra avec la plus grande joie, enfin toute la famille qui te désire bien vivement.

Lisa grandit et parle toujours de toi; quand elle entend une voiture arrêter, elle dit : C'est mon oncle Lolo, c'est lui, vite; elle s'occupe toujours de ton portrait; la veille du départ de mon oncle Louis, elle fut lui souhaiter un heureux voyage et lui dit : Adieu, va chercher mon beau oncle Lolo, et reviens bien vite; elle vous attend tous les deux; elle pense déjà à ta fête, et moi aussi j'y pense, et voudrais bien pouvoir te la souhaiter.

Je t'ai dit combien papa est changé à son avantage; il est maintenant parfait et maman bien gaie de cela. Nous demeurons tous ensemble depuis deux ans, et nous déménagerons le même jour. Quand tu recevras la présente, nous serons tous installés dans notre palais, car nous y serons au plus tard le 15 juillet. Je t'ai donné déjà bien des fois le détail de notre appartement. Nous serons très bien et papa aussi : il a une petite maison toute seule : la vue est sur le jardin : il a salle à manger, salon, chambre à coucher, cuisine, enfin ce que tu voulais. Vandel a été l'architecte, le maître-maçon, le couvreur, le terrassier, le carreleur et le serrurier; il s'est tiré de tout cela avec beaucoup d'honneur, tu lui en feras tes compliments j'en suis sûre... et quand je le dis...

Je t'ai écrit, il y a six semaines, je t'ai confié mes peines au sujet de mon oncle, mais je ne suis plus irritée contre lui; le lendemain du départ de ma lettre, il est arrivé comme tu sais; il n'a dit ni d'où il vient, ni où il va; il a passé huit jours avec nous et est parti en comblant de cadeaux la famille. Il a promis de revenir au plus tard dans un an pour se fixer parmi nous; il doit prendre un appartement chez nous et demeurer avec ma tante Duharme. Nous serons tous en famille, il ne manquera que toi; quand donc viendras-tu?

Cadet dessine bien maintenant et raisonne assez juste. Son entendement se développe: il a bien travaillé cette année. Mais ni nous, ni M. de Humboldt ne savons ce que tu veux dire par l'École de Haute Industrie; n'est-ce pas une école que l'on devait ouvrir à Versailles?

As-tu besoin de quelque chose en bottes, habits, linge, livres, tu sais que je ferai tes commissions avec plaisir et zèle; tu me donneras seulement quelques renseignements sur la manière de t'envoyer cela.

Je reçois bien exactement tes *Annales de Chimie*, c'est 30 francs maintenant; veux-tu que je te les envoie ou que je les garde?

Jules et Benoît vont se marier; Jules à Vic et Benoît à Saint-Étienne. Il trouve une femme très

belle et riche; Mme Benoit est contente et s'intéresse beaucoup à toi.

Fremy vient nous voir pour savoir de tes nouvelles; tu sais qu'il est marié.

M. Guillemin ainé est venu nous voir dernièrement. Son frère est sorti de Saint-Étienne : il s'y
est distingué et a une bonne place. Je lui ai donné
un des mémoires sur l'Arbre de la Vache, que
M. Humboldt m'a donnés pour distribuer à tes
amis.

As-tu des nouvelles d'Alsace? Comment se portent Mmes Mabru et Dournay? T'écrivent-elles? te
conservent-elles leur amitié? Je le désire.

Nous n'avons pas eu à nous louer de M. Dournay; il a exigé le paiement de son mastic avant le
terme convenu, et il n'a pas voulu en répondre; il
le devait. Nous courons donc la chance de cette
terrasse où nous avons perdu de l'argent tout seuls.
Il n'a même pas payé les outils que tu nous as fait
faire.

Tes tantes, mes cousines et toute la famille t'embrassent et désirent bien ton retour.

Je t'embrasse de tout mon cœur et voudrais bien
savoir quand je t'embrasserai vraiment. Je t'embrasse encore.

Adieu,

F. Vaudet,

née Boussingault.

LXXXI

Lettre de Boussingault à son père.

Bogota, le 2 de juillet 1824.

Mon cher papa,

Depuis ma dernière que je t'adressai il y a peu
de temps, ma santé a toujours été en prospérant.
Je suis maintenant tout disposé à voyager de nouveau, mais je me garderai bien d'aller encore une
fois dans les déserts du Méta.

Incessamment, si je ne suis pas envoyé à Londres, je vais partir pour la province d'Antioche.
L'objet de ce voyage sera d'examiner une mine
d'or. Une compagnie anglaise vient de l'acheter et
me paiera mon voyage. D'un autre côté, le gouvernement m'y envoie pour quelques travaux du service public.

Nous avons ici trois commissaires anglais envoyés par S. M. Britannique. On attend un commissaire français.

Du reste le pays est fort tranquille, les Anglais
arrivent de tous les côtés avec leurs capitaux, leur

industrie, leurs coutumes, leur religion et il est
facile de prévoir que c'est une nouvelle colonie
anglaise qui se forme ici.

Embrasse bien ma tante Colombe, ma tante
Duhamel et toute la famille pour moi.

Je t'embrasse de tout mon cœur,

BOUSSINGAULT.

LXXXII

Lettre de Boussingault à son frère.

(Incluse dans la précédente.)

Mon cher cadet,

Je suis ravi de ce que me dit ma sœur. Il paraît
que tu prends goût au travail et plus, que tu fais
quelque progrès; tu devrais bien m'entretenir un
peu de tes travaux, car enfin tu dois maintenant
être un de mes plus exacts correspondants; quand
on a seulement un frère, et un frère aussi loin, on
doit lui écrire quelquefois. J'espère que dès à présent tu chercheras toutes les occasions de me faire
parvenir quelques lignes. Dis-moi surtout à quoi

tu te destines; quel est le genre d'études auquel tu t'appliques le plus; enfin écris-moi longuement sur tout cela.

J'irai peut-être bientôt en Europe, mais, si j'y vais très promptement, ce sera pour revenir en Amérique. Si tu te sens désireux de voir ce beau pays, je te promets de t'y conduire à bon port.

Adieu, mon cher cadet, écris-moi.

Ton frère,

BOUSSINGAULT.

LXXXIII

Lettre de Boussingault père à son fils.

Paris, le 20 juillet 1824.

Je me hâte, mon cher fils, de répondre à la lettre du 8 may que je reçois à l'instant et qui j'espère te parviendra, par un monsieur qui va directement à ta résidence; ainsi je présume, avec raison, qu'elle n'aura pas le même sort que toutes celles que moi et M. Vaudet nous t'avons écrites. car voilà un an que nous n'avons rien reçu de toi, et ce laps de temps est bien cruel pour la famille comme pour toi. Dans ma dernière, du 20 avril, que j'ai remise à l'agence maritime, ton oncle Louis t'écrivait un mot; il s'intéresse de cœur à ta réussite, ta santé et ton retour; tu peux croire que nos sentiments sont les mêmes à ton égard.

Je ne puis t'exprimer, mon cher Boussingault, la satisfaction que ta lettre me donnait, en me faisant connaître ton état de santé, après les dangers que tu as courus. Mon cher ami, c'est un avertissement que la Providence te donne pour éviter ces dangers; ne fais rien au-dessus des forces humaines; sois prudent, conserve tes jours pour ceux qui te sont chers, et souviens-toi de réaliser la promesse que tu me fais de m'embrasser avant deux ans. C'est en attendant ce plaisir que je t'embrasse, ainsi que ta mère, qui se porte bien, de même que la famille. Cadet t'écrit un mot, nous sommes dans notre nouveau logement, qui est très agréable, ainsi que M. Vaudet.

Je t'embrasse et suis ton tendre père,

BOUSSINGAULT.

LXXXIV

Lettre de Cadet Boussingault à son frère.

(Sur la même feuille que la précédente.)

Mon cher frère,

Quelle joie pour moi lorsque j'ai reçu de tes nouvelles par ta dernière et surtout d'apprendre que ta santé est bonne après avoir été attaqué de la fièvre pendant quatorze jours.

Je t'assure que je n'irai jamais rendre visite aux Indiens, pour le payer aussi cher que toi. Si cette lettre pouvait te parvenir avant un mois, je t'aurais prié de ne point aller exploiter l'Urao, puisque tu es sûr d'y attraper la fièvre ; mais comme cet espace de temps est trop court pour qu'elle te parvienne, je te souhaite un très bon voyage et une très bonne santé. Je vais toujours au Conservatoire des arts et métiers ; on a commencé les concours pour les prix : je fais mon possible pour y attraper quelque chose. Lorsque tu reviendras à Paris, tu verras de mes dessins exposés dans le salon à papa. Je suis allé plusieurs fois chez M. de Humboldt avec Vaudet, pour lui rendre des visites ; je n'ai jamais vu un homme aussi obligeant que ce bon monsieur. Lorsqu'il reçoit de tes nouvelles, il s'empresse de nous les envoyer le même jour, pour nous tirer d'inquiétude sur toi, et tous les articles de science que tu lui envoies, il les fait mettre sur les journaux. J'attends avec impatience la lettre que tu dois m'envoyer.

Tes minéraux sont toujours en très bon état. Je finis en t'embrassant de tout mon cœur et te souhaite toujours une bonne santé et de revenir le plus tôt possible.

CADET BOUSSINGAULT.

LXXXV

Lettre de Vaudet à Boussingault.

Paris, 21 juillet 1824.

Mon cher Boussingault,

Si cette lettre te parvient, elle sera plus heureuse que les précédentes, car, d'après ta lettre, il paraî-trait que tu n'as reçu aucune des dernières que nous avons écrites. Nous profitons, pour te la faire parvenir, d'une occasion que M. de Humboldt a eu l'obligeance de nous procurer; il n'est pas possible d'être plus attentif à tout ce qui peut te rendre service et par conséquent à nous : démarches obligeantes, insertion dans les papiers publics, peines, rien ne lui coûte pour être utile aux personnes qui l'intéressent.

Nous avons quitté la rue du Boisdoré le 15 juillet dernier, et nous sommes maintenant rue du Parc-Royal, n° 1, où tu adresseras tes lettres, s'il te plaît. J'ai fait élever une aile de bâtiment dans laquelle est mon atelier, ma cour particulière, mon appartement, et, dans les étages, 1er, 2e et 3e, il y a six appartements et trois logements. Le tout est couvert en mastic bitumineux de notre fabrique. J'ai fait aussi élever un corps de bâtiment séparé, dans lequel est l'appartement de ton père. Ils ont un escalier particulier, un balcon, une salle à manger, une chambre à coucher et une cuisine. Ils paraissent en être contents. Le tout est parqueté et proprement arrangé; j'aurai un appartement à ton service, quand tu reviendras; seulement je te prie de nous le faire savoir en partant.

Lisa, dont tu ne parles pas, grandit et se porte bien; elle parle toujours de toi et fait des projets superbes pour le moment de ton retour. Je crois effectivement que, quand tu seras réuni à la famille, il ne nous manquera rien pour être heureux; je crois bien que ton oncle va prendre un appartement dans la maison et, malgré tout ce que nous disions dans le temps, nous serons, je crois, toujours disposés à l'aimer; reviens donc et laisse là les paysans indiens que je regrette cependant d'être condamné à ne jamais voir : quand on est marié, que l'on a des enfants, que l'on a sa petite fortune dans un pays, on devient terriblement ganache: c'est, mon cher Boussingault, ce que je ne manque pas de faire, ainsi que presque tous les gens qui sont dans le même cas.

On fait à Paris des constructions considérables: on bâtit quatre quartiers nouveaux; c'est une fureur, tout le monde veut des maisons, et les loyers sont exorbitants. Si la manie de construire continue cependant, il est présumable qu'il y aura bientôt plus de maisons que de locataires, car la position géographique de Paris ne permet pas d'espérer que cette ville soit jamais aussi peuplée que Londres. Il est vrai cependant que les grandes villes ne sont pas toujours les mieux placées.

Je ne t'entretiendrai pas des spectacles pour deux raisons : la première, c'est qu'étant occupé de constructions depuis six mois, je n'ai pu m'occuper d'autre chose; la seconde, c'est que je sais que tu n'es pas amateur de ces sortes de nouvelles; je te parlerai encore moins science, attendu que je suis bien éloigné d'être un savant; mais je te réitère l'invitation pressante que je te fais de revenir à Paris le plus promptement qu'il te sera possible, pour ne plus nous quitter.

Ton ami,

VAUDET.

LXXXVI

Lettre de M™ Vaudet à son frère.

(Sur la même feuille que la précédente.)

Le 21 juillet 1824.

Mon cher frère,

Je suis enchantée de savoir par ta dernière que tu te rappelles la promesse que tu m'as faite de ne pas rester éternellement avec tes sauvages et d'avoir l'espérance de te revoir sitôt ton engagement fini; ce moment-là est bien désiré pour moi, mais deux ans, c'est encore bien long.

Je suis bien heureuse de te savoir rétabli, mais désolée de te voir aller dans les mines de platine, où tu seras encore malade et où tu n'auras pas la bonne Mme Rollin pour te soigner. Que je l'aime,

cette chère dame, pour toutes les attentions qu'elle
a pour toi! fais-lui tous mes remerciements et prie-
la, de ma part, de venir me voir quand elle re-
viendra : je serai enchantée de la recevoir.

Papa attend ma lettre. J'ai bien des choses à te
dire, mais je t'écrirai par la poste, et ne m'accuse
pas de négligence si tu ne reçois pas de lettres de
moi, car je t'écris au moins une fois tous les
mois.

Adieu, mon cher frère, je t'embrasse mille et
mille fois, et désire bien te revoir promptement.

F. VAUDET,
née BOUSSINGAULT.

LXXXVII

Lettre de Vaudet à Boussingault.

Paris, le 30 septembre 1824.

Mon cher Boussingault,

Nous avons toujours régulièrement répondu à
tes lettres, et, si tu ne les as pas reçues, ce n'est
pas notre faute; nous avons trop de plaisir à

recevoir de tes nouvelles pour ne pas te faire parvenir de celles de la famille. Ainsi donc ne manque pas de nous écrire par toutes les occasions qui se présenteront; elles seront toujours trop rares pour nous consoler de ta longue absence.

Tu as à payer le tribut que les Européens payent en visitant le Nouveau Monde; nous espérons et souhaitons que tu en sois quitte pour la maladie que tu as eue et que bientôt, réuni à nous, tu puisses te résoudre à renoncer aux grands voyages et te déterminer à vivre heureux et tranquille avec nous. C'est le principal de nos souhaits. Ton oncle, qui est avec nous, part ce soir et nous fait espérer qu'il viendra se fixer à Paris; alors, tu le conçois, notre félicité serait complète.

C'est ainsi que, dans tous les moments de la vie, on espère un avenir plus heureux et qu'on se trouve consolé de vieillir.

Les journaux de Colombie t'instruiront sans doute de la mort du roi et de l'avènement au trône de son frère, maintenant Charles X, avant que cette lettre ne te soit parvenue, mais, dans la crainte du contraire, je te le fais savoir.

On fait à Paris des constructions considérables; des quartiers entiers s'élèvent comme par enchantement et je ne doute pas qu'avant peu Paris ne puisse rivaliser avec Londres; cependant je crois

bien que cette dernière ville sera toujours plus
commerçante.

Adieu, mon cher ami, pense quelquefois à ton
affectionné beau-frère,

VAUDET.

LXXXVIII

Lettre de Mme Vaudet à Boussingault.

(Sur la même feuille que la précédente.)

Mon cher frère,

M. de Humboldt a eu la bonté de nous faire part
de ta dernière; elle n'est pas gaie; vous avez tous
bien souffert, mais enfin tu es guéri; j'espère que
la présente vous trouvera tous bien portants et
contents.

Ménage-toi donc, mon cher ami, évite surtout ce
passage subit du froid au chaud si dangereux pour
tout le monde. Je suis fâchée que tu veuilles faire
un voyage aux mines de Choco; c'est un pays bien
malsain, m'as-tu dit; tu m'avais fait espérer que
tu n'irais pas. Aie bien soin de toi, je t'en prie,
et reviens bientôt parmi nous te délasser de

toutes tes fatigues ; tu sais si je désire ce jour-là.

Je suis bien reconnaissante des soins que Mme Rollin t'a rendus dans ta maladie. Que je la plains, cette pauvre dame. Que Dieu veuille rendre la santé à son mari et la ramener dans sa famille ; je lui souhaite cela de tout mon cœur.

Es-tu toujours bien avec M. Rivero ; je désire bien savoir comment vous vous arrangez.

Dis-moi si tu reçois des nouvelles de l'aimable Mme Mabru, de la famille Dournay, de M. Engelhardt, s'il est marié, si M. Paul Mabru va te rejoindre, si M. Guillemin t'écrit, enfin dis-moi si tu reçois leurs lettres ; ils sont peut-être plus heureux que nous. Si tu écris à M. Dournay, parle-lui donc de ce qu'il nous doit ; je crains que ce ne soit perdu. M. Pouillot est mort ; maintenant je ne sais qui nous paiera.

Tu sais sans doute que nous sommes déménagés et installés, que papa et maman demeurent avec nous, que nous sommes bien logés, que cadet dessine assez bien, et qu'il est aux Arts et Métiers. M. de Humboldt ne sait ce que tu veux dire par l'École de Haute Industrie.

Lisa grandit et parle toujours de toi ; elle t'écrit souvent.

Fais-en de même, mon cher ami, car nous nous ennuyons bien de recevoir si rarement de tes nouvelles.

Mon oncle Louis a la bonté de se charger de

cette lettre; il la remettra à quelqu'un qui part pour l'Angleterre; j'espère que tu la recevras.

Adieu, mon cher frère, je t'embrasse de tout mon cœur. Je m'ennuie bien de ton long voyage. Dis-moi si ce sera le dernier : je le désire.

Je t'embrasse encore. Adieu.

Ta sœur,

F. VAUDET,

née BOUSSINGAULT.

LXXXIX

Lettre de Boussingault père à son fils.

(Sur la même feuille que les deux précédentes.)

J'espère, mon cher fils, que la présente te parviendra. Elle part par l'intermédiaire de ton oncle Louis qui s'intéresse beaucoup à toi. J'ai répondu à ta lettre du 8 may dernier. M. de Humboldt s'en est chargé. Comme il est possible que les lettres restent à la poste d'Angleterre, ton oncle a la bonté d'écrire à ce sujet à cette administration.

Je n'entre dans aucun détail sur ce qui regarde

M. Vaudet, qui fait toujours de bonnes affaires ; il t'en a fait part.

Enfin il ne nous manque que toi pour notre entière satisfaction et un peu plus souvent de tes nouvelles. Je t'invite à te conserver pour ceux qui t'aiment.

Je t'embrasse de tout mon cœur, ainsi que ta mère qui se porte bien, de même que toute la famille, et suis ton tendre père

BOUSSINGAULT.

XC

Lettre de L. Boussingault à son neveu.

(Sur la même feuille que les trois précédentes.)

Je me joins à mon frère, mon cher Boussingault, pour vous souhaiter une heureuse réussite dans le parti que vous avez entrepris, ce qui ne peut s'exécuter qu'avec une excellente santé et une volonté décidée.

Je vous engage fortement à ne pas vous décourager. Plus vous endurerez de fatigues et de privations, et plus le mérite sera grand. Rappelez-vous qu'on ne parcourt généralement qu'une fois dans la vie d'aussi grandes distances, conséquemment il faut en profiter.

Je vous parle dans l'intérêt des sciences, car, si j'écoutais celui que je vous porte, je vous engagerais au contraire à nous rejoindre le plus tôt possible.

Cependant, n'allez pas au delà de vos forces et songez que vous avez des parents qui seraient désolés de ne pouvoir plus vous embrasser.

Adieu, mon cher neveu. Conservez-moi votre amitié et comptez toujours sur celle de votre oncle.

L. BOUSSINGAULT.

A M. Boussingault, officier supérieur des Mines.

à Santa-Fé de Bogota,
République de Colombie.

XCI

Lettre de Vaudet à Boussingault.

Paris, le 11 novembre 1824.

Mon cher Boussingault,

Nous t'avons écrit il y a huit jours. Ton oncle, qui était à Paris, espérait te faire parvenir notre lettre, remplie par trois écritures. M. de

Humboldt a la bonté de nous prévenir qu'il a une occasion sûre pour te faire parvenir une lettre et nous nous empressons de t'écrire. Toute la famille se porte bien. Ton oncle est reparti pour sa garnison, qui vient de changer. Il était à Dijon, et va s'établir à Neu-Brissac, pays que tu as habité, car je crois que ce fort n'est pas éloigné de Strasbourg. C'est avec un peu de peine qu'il s'est vu forcé de changer de garnison; enfin il a pris son parti et nous a fait espérer qu'il viendrait passer deux mois avec nous en février prochain.

La petite Élisa grandit et se porte bien; enfin il ne nous manque que ta présence pour être heureux. Je crois même que tu trouverais à la maison tout ce qui pourrait te rendre heureux, en supposant toutefois que tu sois guéri de la maladie des voyages et que, heureux casanier, la science et les plaisirs de la capitale et la présence de la famille puissent alors te suffire.

Tu as appris, sans doute, et la mort du roi et l'avènement au trône de Charles X, jadis *Monsieur;* les journaux colombiens te tiennent sans doute au courant des nouvelles de la vieille Europe. Je crois que ce gouvernement a une correspondance active avec l'Angleterre.

C'est avec chagrin que nous avons appris ta maladie et ton rétablissement. Nous sommes cependant contents que tu aies payé le tribut que nos compatriotes sont tenus d'acquitter en visitant les régions équinoxiales.

Je ne t'entretiendrai ni des spectacles ni des travaux immenses qui se font dans la capitale : ces détails te paraîtraient oiseux; je ne te parlerai pas non plus des sciences, attendu que j'ai le malheur d'être ignorant et que je le serai probablement toute ma vie.

Adieu, jusqu'au revoir, mon cher ami, pense quelquefois à ton beau-frère.

VAUDET

XCII

Lettre de Boussingault père à son fils.

(Sur la même feuille que la précédente.)

Voilà quatre lettres, mon cher fils, que nous t'écrivons depuis un mois, et j'espère que dans la quantité une au moins te parviendra; notamment celle que ton oncle Louis a remise à son ami d'Angleterre en lui recommandant d'aller à la poste de Londres pour y retirer celles qui pourraient y être pour moi ou M. Vaudet et nous les faire tenir. La dernière que j'ai reçue de toi est du 8 mars dernier, à laquelle j'ai répondu. Tu vois donc que nous ne sommes pas en retard; mais c'est un malheur pour toi et pour nous que les moyens pour la correspondance soient si peu exacts; cependant, j'espère, mon cher Boussingault, sur les promesses de mon frère, par ses connaissances d'Angleterre, que tes lettres nous parviendront facilement,

Ta mère se porte bien, ainsi que moi et la famille. Nous t'embrassons de tout cœur, et suis ton tendre père,

Boussingault.

XCIII

Lettre de Cadet Boussingault à son frère.

(Sur la même feuille que les deux précédentes.)

Mon cher frère,

Je suis en train de dessiner ton portrait ou du moins je tâche de pouvoir attraper la ressemblance. Si je peux réussir, je le donnerai à ma sœur pour faire face à M. de Humboldt. Mon oncle nous a donné son portrait équestre qui fait très bien pendant avec le tien; je vais toujours aux Arts et Métiers. Tu avais parlé à M. de Humboldt de l'École de Haute Industrie. Il n'en a aucune connaissance. Mon oncle a rencontré plusieurs de tes amis, dont un qui est officier d'artillerie, qui t'avait vu à Saint-Étienne. J'attends toujours la lettre que tu devais m'envoyer. Porte-toi toujours bien. Je t'embrasse de tout mon cœur.

BOUSSINGAULT.

XCIV

Lettre de Mme Boussingault à son fils.

(Sur la même feuille que les trois précédentes.)

Ich Küsse dich tausend und tausend mal mein lieber Sohn, nur komm bald wieder.

DEINE GUTE MUTTER.

XCV

Lettre de Mme Vaudet à Boussingault.

(Sur la même feuille que les quatre précédentes.)

Mon cher ami,

Je n'ai ni la place, ni le temps de dire bien des choses que je t'écrirai bientôt. Mais je ne laisserai pas échapper une occasion de te faire des reproches de ton silence et de te rappeler la promesse que tu m'as faite de ne pas rester plus de quatre ans ; c'est encore bien long ; mais, enfin, je t'en prie, que ce soit le plus. Je désire bien ton retour et que tu reviennes avec la même amitié que tu avais pour nous.

Je t'embrasse de tout mon cœur. Poupoule t'embrasse aussi.

Femme VAUDET.

XCVI

Lettre de Boussingault à son oncle.

Bogota, le 9 décembre 1824.

Je ne puis vous exprimer, mon cher oncle, le plaisir que j'ai éprouvé de vous savoir à Paris. Que n'ai-je pu m'y transporter pour vous embrasser. J'espère avoir ce plaisir vers la fin de 1826 si, comme vous me le dites, vous vous fixez définitivement près de notre famille.

Je suis très content que vous approuviez le parti que j'ai pris ; jusqu'à présent je n'ai nulle raison pour m'en repentir ; la suite seule prouvera si j'ai réellement bien fait. Dans cette carrière, comme dans toute autre, on a bien fait de l'entreprendre, si un jour on y peut réussir.

Ma position en Colombie est assez agréable. Vous connaissez l'Espagne et, partant, les tristes ressources qu'elle offre ; ici, c'est, assure-t-on, encore pis ; mais cela m'importe d'autant moins que la société de ce pays n'est pas l'objet de mon voyage. Quant au pays (seulement), c'est la chose la plus belle du monde.

Figurez-vous une plaine d'environ quarante

lieues du N. au S. et de 7 à 8 de l'E. à l'O. toute
l'année couverte de moissons européennes, où l'on
jouit constamment de la température du printemps,
et vous aurez une idée du plateau de Bogota.

Si vous aviez quelques mois entièrement libres,
vous devriez bien venir passer quelque temps ici.
Nous retournerions ensemble en Europe, après
avoir visité le Chimborazo ; je vous fais cette proposition, parce que, pour vous, un semblable
voyage est comme de Paris à Saint-Cloud.

Adieu, mon cher oncle, donnez-moi quelquefois
de vos nouvelles ; rassurez bien maman sur les
prétendus dangers des voyages.

Je vous embrasse de tout mon cœur.

Votre très affectionné neveu,

BOUSSINGAULT.

P. S. — Voici la direction à donner à mes lettres :

Mit 1 j A Powler Freeman's Court London, pour
faire parvenir à M. B., professor en la Escuela nacional de mineros, en Bogota, Republica de Colombia.

XCVII

Lettre de Mme Vaudet à Boussingault.

Paris, le 20 décembre 1824.

J'ai reçu, mon cher Boussingault, ta lettre du 29 juillet où tu mandes que votre vaisseau est retrouvé, quinze jours avant celle du 1er juillet où tu écris à toute la famille : cela nous fit le plus grand plaisir; il y a longtemps que nous désirions des détails sur ta manière de vivre et l'état de tes finances; je te trouve plus riche que je n'espérais et pas autant que je le désire.

Tu dis que tu as reçu une de mes lettres; mais je t'écris au moins une fois par mois et souvent deux; je suis étonnée que tu aies si peu de nos nouvelles. Ce n'est pas notre faute, tu as tort de le croire et de nous menacer de n'écrire plus; cela nous afflige et nous le sommes déjà bien assez d'être séparés de toi depuis si longtemps, sans savoir quand tu reviendras. Tu veux donc encore t'éloigner. Que de projets! Tu en feras donc toujours? Le voyage que tu fis chez les indiens devait te décourager, mais non, tu veux aller à Antioche, au

Chaco, à Panama, à Guayaquil, à Quito, à Lima ; mais il me semble que j'en aurais pour ma vie. Je ne te reverrai donc plus ! Enfin, j'espère que le Congrès t'accordera une des choses que tu demandes ; alors ce maudit voyage du Sud ne sera qu'un château en Espagne : je le désire de tout mon cœur. Mais, dis donc, les ministres républicains sont donc comme nos ministres. On les sollicite continuellement ; je ne croyais pas cela.

Tu désespères de M. Roullin. Quel malheur ! Que je plains et que j'aime, sans la connaître, cette pauvre dame. Tu ne m'as jamais dit comment elle se trouvait de ce nouveau climat. Est-elle courageuse ? Je ne te demande pas si elle est bonne ; les soins qu'elle t'a donnés me le prouvent. Je lui ai mille obligations. Que tu es heureux d'avoir eu, dans ta maladie, une amie pour te soigner.

Tu t'ennuies donc toujours, que je te plains ; car l'ennui me tue de suite ; heureusement je sais le chasser ; et toi, monsieur le philosophe, l'ennui te suit sans cesse. A quoi sert la philosophie ?

Mais ta nourriture n'est pas trop saine : du lard, des viandes salées ; dans un pays chaud ! Cela ne serait pas de mon goût. Quand tu reviendras, tu seras plus aisé à contenter qu'en revenant de Lobsann.

Dis-moi si tu reçois des lettres d'Alsace, de tous tes amis, s'ils te conservent leur amitié ; au portrait que tu me fais des femmes colombiennes, je vois que tu ne m'amèneras pas une belle-sœur. Tant mieux! j'aime mieux une Alsacienne.

Les portraits que tu fais des indiens, des indiennes, enfin de tout le monde, de ton nouveau pays, ne me séduisent pas; je suivrai donc ton conseil et ne le verrai qu'en beau. Ta lettre m'a bien amusée; je t'en remercie; écris-moi donc des lettres bien longues et surtout dis-moi bien ce que tu fais, ce que tu feras; tout cela m'intéresse beaucoup; tu me connais trop bien pour penser que c'est la curiosité qui me guide.

Lisa grandit, et elle te fait des compliments et te souhaite une bonne santé. Elle demande pour étrennes un perroquet et un singe; moi aussi je te souhaite une bonne année et un prompt retour.

Je t'embrasse de tout mon cœur et suis avec amitié

> Ta sœur et amie,
>
> Femme VAUDET.

Tu me promets un exemplaire du Voyage de M. Roullin, ne l'oublie pas.

Tu trouveras sous ce pli une lettre que M. Guillemin t'adresse. Il y en a une de Saint-Remy aussi. Ils désirent bien de tes nouvelles, écris-nous donc. Adieu.

Vaudet t'écrira sous peu de jours; il t'a écrit dernièrement par M. de Humboldt.

XCVIII

Lettre de Boussingault père à son fils.

Paris, le 28 décembre 1824.

En répondant, mon cher fils, à ta lettre du 26 mai dernier, je te faisais part du plaisir qu'elle me donne sur ta santé, ainsi que des nouvelles de ton oncle Louis, qui t'a aussi écrit plusieurs fois. Comme tu n'en fais pas mention dans tes lettres ni même dans celle du 2 juillet, à laquelle je réponds, j'infère que tu ne reçois pas nos lettres exactement, ce qui me fait de la peine, ainsi qu'à ton oncle, qui s'intéresse beaucoup à toi. Il faut espérer que celle-ci sera plus heureuse par les moyens que tu as pris avec une maison de Londres. Ta première réalisera mes espérances. Ton bon rétablissement, confirmé par ta dernière, me satisfait; mais n'en abuse pas, et sois prudent dans les voyages que tu vas entreprendre. Ce que tu me dis sur ta situation et le pays est satisfaisant, et je désire de tout mon cœur que tu arrives à Londres bien portant; ce qui me fait espérer de te voir au moins pour quelque temps.

Quant à nous, nous vivons heureux et tranquilles et nous jouissons d'une bonne santé, ainsi que la famille, qui se porte bien et t'embrasse.

M. et Mme Benoît sont bien sensibles à ton souvenir et te font leurs compliments.

Je t'embrasse de cœur et suis ton tendre père.

BOUSSINGAULT.

XCIX

Lettre de Mme Boussingault à son fils.

(Sur la même feuille que la précédente.)

Ton reproche, mon cher Lolo, est sans fondement; j'ai toujours mis quelques mots dans plusieurs lettres; mais il paraît que tu ne les recevais pas. Sois persuadé que mon plus grand plaisir est de m'entretenir avec toi et de te savoir heureux: c'est ce qui adoucit le chagrin de ton absence. Adieu.

Mein herzliebster Sohn, ich küsse dich tausend und tausendmal im Gedanken.

DEINE GUTE MUTTER.

C

Lettre de Cadet Boussingault à son frère.

(Sur la même feuille que les deux précédentes.

Mon cher frère,

Je me joins à la lettre de ma sœur pour te donner de nos nouvelles, et surtout t'écrire longuement sur ce que je fais, puisque tu le désires.

Je vais aux Arts et Métiers, où j'apprends la géométrie, le dessin ; j'ai fini mon cours de géométrie. Quant au dessin, tu le jugeras toi-même lorsque tu viendras à Paris, par mes ouvrages, exposés dans notre salon. De l'algèbre, j'en suis aux équations du deuxième degré à plusieurs inconnues.

Tu me demandes à quoi je me destine. On me conseille d'entrer chez un entrepreneur de maçonnerie, parce que cet état est très bon: on y gagne beaucoup d'argent, métal très utile, et, si tu viens à Paris pour monter une manufacture, je pourrai te bâtir toutes les choses nécessaires à ton industrie, et gratis. J'attends, sur ce point principal, ton avis. Tu m'as fait des reproches de ne point t'écrire ; tu as tort, car dans chaque lettre que l'on t'envoie, j'écris quelques lignes. Quant à la pension que tu as la bonté de me donner, je n'en ai aucunement besoin. Cependant je te demanderai cinquante francs pour aller à la mer. Reviens donc, pense qu'il y a près de trois ans que nous ne t'avons vu ; ce temps doit paraître aussi long pour toi que pour nous ; dans trois jours, l'année 1825... Donc je te souhaite une bonne année et parfaite santé.

Je t'embrasse.

Ton frère,

B.

9 782329 528946